Photoshop

（第 2 版）

平面设计教程

主 编 ◎ 邓晓新 杨 柳 陈新宇

北京理工大学出版社

BEIJING INSTITUTE OF TECHNOLOGY PRESS

内容提要

　　本书以平面设计、图像编辑为主线，系统地介绍了Photoshop软件的基本应用方法与技巧；将Photoshop软件中的工具、图层、通道、路径、滤镜等内容融合在案例中进行讲解，便于学生理解；介绍了与设计相关的色彩知识，为人物美化、数码照片后期处理、UI设计等奠定了良好的基础；展示了一些优秀的设计作品，有助于学生开阔视野，提高设计意识，打开设计思路。附录中附有设计中常遇到的图像格式转换问题的解决办法，提供了9套常用色彩搭配表，可以帮助学生快速、有效地完成设计任务。

　　本书可作为高等院校艺术设计类专业的教材，也可作为设计工作者的参考用书。

版权专有　侵权必究

图书在版编目（CIP）数据

Photoshop平面设计教程 / 邓晓新，杨柳，陈新宇主编. -- 2版. -- 北京：北京理工大学出版社，2022.1
　ISBN 978-7-5763-1030-6

　Ⅰ.①P⋯　Ⅱ.①邓⋯ ②杨⋯ ③陈⋯　Ⅲ.①平面设计—图像处理软件—教材　Ⅳ.①TP391.413

　中国版本图书馆CIP数据核字（2022）第030573号

出版发行 / 北京理工大学出版社有限责任公司	
社　　址 / 北京市海淀区中关村南大街5号	
邮　　编 / 100081	
电　　话 / （010）68914775（总编室）	
（010）82562903（教材售后服务热线）	
（010）68944723（其他图书服务热线）	
网　　址 / http://www.bitpress.com.cn	
经　　销 / 全国各地新华书店	
印　　刷 / 河北鑫彩博图印刷有限公司	
开　　本 / 889毫米×1194毫米　1/16	
印　　张 / 9.5	责任编辑 / 钟　博
字　　数 / 265千字	文案编辑 / 钟　博
版　　次 / 2022年1月第2版　2022年1月第1次印刷	责任校对 / 周瑞红
定　　价 / 88.00元	责任印制 / 王美丽

前言 PREFACE ·········· ⊙

Photoshop是Adobe公司开发的一款经典的图形图像编辑软件，具有强大的二维、三维、静态、动态、位图、矢量、输入、输出功能，是设计必不可少的应用工具之一。

本书以Photoshop为基础，结合图形图像处理的特点，系统讲述了Photoshop在平面设计中的应用。本书出版以来，被国内众多院校采用，受到了广大读者的好评。为满足高等教育人才发展需求及国内对创新创业型人才的需求，特对本书进行修订。修订后，本书具有以下鲜明的特色。

1. 内容系统详尽，融入课程思政

本书涉及的软件技术及平面设计理论内容更加系统、充实，重点突出又详尽可读；同时，更加注重课程思政融入，体现职业规范及标准、精益求精的职业精神，内容积极向上，引导学生树立正确的世界观、人生观和价值观。

2. 案例经典，难易适中，激发学习兴趣

一是采用真实案例导入学习内容，对设计制作过程进行全流程解析，激发学生的学习兴趣，引起探究、思考的深入，让学生有目的地学习，完成任务；二是采用较为先进的代表性案例，如酸性海报设计等，让学生掌握时尚的表现技法，引发学生对设计软件的喜爱。

3. 内容新颖，不落俗套，强化应用实践

软件类的书籍很容易被编撰成字典类型的教材，乏味而无趣。本书除经典案例外，还结合有趣、原创性、实际发生的案例，将难懂的技术和知识融会贯通于实践项目的训练，增强学生对教材的信任度，调动学生主动学习的热情，引导学生积极参与课上课下的实践训练。

4. 新增"拆盲盒"模块，拓展学习空间

本书新增帮助学生学习计算机知识的"拆盲盒"模块，增加辅助性学习内容，改善学生计算机知识匮乏的局面。学生可以通过扫描"拆盲盒"二维码学习线上拓展内容，有效拓宽知识面。

本书由邓晓新、杨柳、陈新宇担任主编。第1、2、3章由邓晓新修订，第4、5章由杨柳修订，第6、7章由陈新宇修订。

本书修订过程中参阅了大量相关书籍，谨向这些作者表示诚挚的谢意。

由于编者水平有限，书中难免存在疏漏和不足之处，敬请广大读者批评指正！

编　者

目录 CONTENTS

CHAPTER ONE

第 1 章　Photoshop 软件概述

学习目标

1. 了解 Photoshop 软件的应用领域，掌握工作区的基本架构及各区域的功能。
2. 能够利用 Photoshop 软件处理简单的图片，提高对软件的学习热情与信心。

知 识 点

1. Photoshop 的工作界面及基础编辑功能。
2. Photoshop 在平面设计、UI 设计、插画设计、网页设计等领域中的应用。

1.1　Photoshop 软件基础介绍

Adobe Photoshop 是目前最流行的平面设计软件之一。可以说，只要接触平面设计，就会与 Photoshop 打交道。很多设计师使用 Photoshop 软件做一些最基础的图像处理工作，也有一些绘画爱好者利用 Photoshop 绘制精美的图画。总而言之，熟练掌握 Photoshop 应用技术是对平面设计工作者的必然要求。Photoshop 的初始界面如图 1-1 所示。

菜单栏：菜单栏里包含 Photoshop 中的所有命令，只有充分掌握菜单栏里的命令，才能更好地使用 Photoshop 软件，如图 1-2 所示。

属性栏：属性栏显示工具栏中某一个工具的详细属性。如使用"画笔工具"，则属

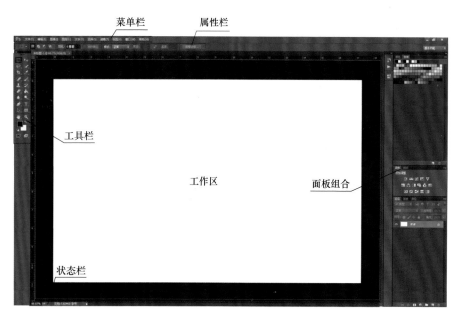

图 1-1　Photoshop 的初始界面

性栏中显示画笔的大小、模式、不透明度、流量等，如图 1-3 所示。

状态栏：状态栏中的内容包含图像显示的百分比、文档大小等，如图 1-4 所示。

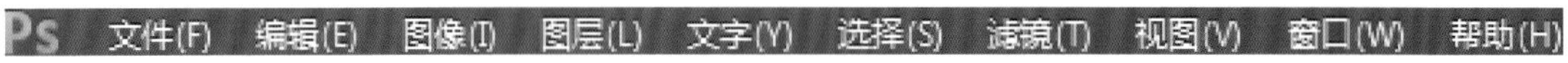

Ps
文件(F)
编辑(E)
图像(I)
图层(L)
文字(Y)
选择(S)
滤镜(T)
视图(V)
窗口(W)
帮助(H)

图 1-2 菜单栏

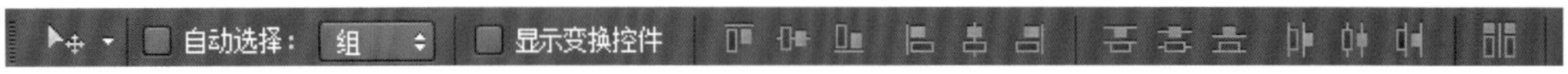

自动选择：
组
显示变换控件

图 1-3 属性栏

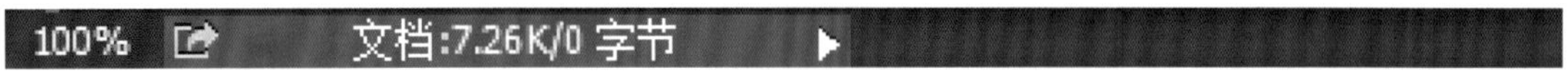

100%
文档:7.26K/0 字节

图 1-4 状态栏

工具栏：工具栏中包含 68 种工具，每一种工具都有独特的功能，可以用它们来完成编辑、修改图像等一系列操作，如图 1-5 所示。

面板组合：默认面板组合中包含颜色面板、调整面板、样式面板、图层面板、通道面板、路径面板。这些面板都是浮动的，可以存放在任意位置，如图 1-6 所示。

工作区：工作区包含图形文件及其名称，图像及其格式、百分比等相关信息，如图 1-7 所示。

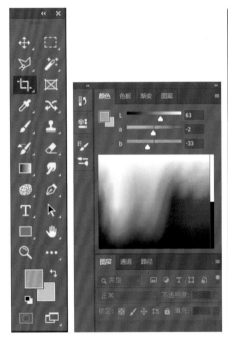

图 1-5 工具栏

颜色
色板
渐变
图案
L
a
b
63
-2
-33
图层
通道
路径
类型
正常
不透明度:
锁定:
填充:

图 1-6 面板组合

图 1-7 工作区

1.2 Photoshop 的应用领域

Adobe Photoshop，简称“PS”，是由 Adobe Systems 开发和发行的位图图像处理软件。Photoshop 主要处理由像素构成的数字图像。使用其众多的编辑与绘图工具，可以有效地进行图像编辑工作。其应用领域非常广泛，在平面设计、广告摄影、影像创意、照片修复、艺术文字设计、网页制作、绘画创作、影视后期修饰、三维贴图等方面都有应用。

1.2.1　Photoshop 在平面设计中的应用

　　Photoshop 是平面设计中最常用的软件。无论是图书封面、报纸广告，还是人们在路上看到的海报、招贴和 DM 宣传单等具有丰富色彩的平面印刷品，绝大多数需要通过 Photoshop 软件进行图形图像的加工处理，使画面效果更加完美，以充分体现设计师的创意想法，达到吸引大众、促销宣传的目的，如图 1-8 和图 1-9 所示。

1.2.2　Photoshop 在 UI 设计中的应用

　　Photoshop 可以用于手机、平板电脑等数码产品的界面制作，如手机中的年历、通信录等操作按钮和图标的设计制作。尤其是 Photoshop 的图层功能，用户可以通过其对 UI 画面进行灵活、有效的编辑，设计制作出异常丰富的画面效果，如图 1-10 所示。

1.2.3　Photoshop 在插画设计中的应用

　　Photoshop 强大的绘图功能让很多人开始使用计算机创作插画。Photoshop 的绘图和上色功能强大，配合手绘板等外设设备，可以帮助用户灵活地创作各式各样的插画，如图 1-11 和图 1-12 所示。

图 1-8　宣传单（一）　　　　图 1-9　宣传单（二）

图 1-10　行车记录仪 UI 设计

图 1-11　插画设计（一）

图 1-12　插画设计（二）

1.2.4　Photoshop 在网页设计中的应用

　　随着互联网的快速发展，网络已经成为人们生活的一部分，人们对网络的要求也越来越高。网页在网络中传递信息的同时能给人以美好的视觉享受，因而网页设计非常重要。网页设计作为一种视觉语言，有很好的艺术性、布局合理性、视觉新颖性、内容翔实性、层次性和空间性，利用 Photoshop 软件制作网页可以使画面效果与众不同，凸显网页的独特个性，如图 1-13 和图 1-14 所示。

图 1-13　网页设计（一）

图 1-14　网页设计（二）

1.2.5　Photoshop 在摄影作品后期处理中的应用

Photoshop 在摄影作品后期处理方面的应用也很广泛。其一，使用 Photoshop 可以对数码底片（一般是 RAW 格式的文件）进行转化，相当于传统胶片摄影中对底片进行"显影"（相机直接拍出的 jpg 格式图片，就是把拍摄到的内容由相机的内置 CPU 进行处理的结果，但由于相机的内置 CPU 的处理能力有限，人们习惯上使用 RAW 格式进行拍摄，这样可以更好地控制每一张图片）；其二，使用 Photoshop 可以对数码摄影作品进行色彩、影调等方面的处理，或进行裁切处理，使拍摄出的作品能更好地表达主题；其三，使用 Photoshop 可以对一张照片中的各个元素进行修改。例如，在一些人像作品中，使用 Photoshop 可以对被摄者进行"美容"，如今这种技巧已被广泛地运用于商业婚纱摄影。此外，利用 Photoshop 还可以为被摄者"改头换面"，如图 1-15 和图 1-16 所示。

图 1-15　将花朵处理为冰激凌

1.2.6　Photoshop 在动画与 CG 设计中的应用

Photoshop 在 CG 行业有着非常重要的地位，它可以为一个场景赋予生命色彩，也可以将一个动画形象由毫无生机的素模描绘成栩栩如生的角色，如图 1-17 和图 1-18 所示。

图 1-16　数码摄影后期处理

图 1-17　动画与 CG 设计（一）

图 1-18　动画与 CG 设计（二）

1.3　图像的基本操作

1.3.1　创建文件

执行"文件"→"新建"命令（快捷键 Ctrl+N），界面中弹出"新建"对话框，如图 1-19 所示。根据需要在"名称"文本框中输入文件名称即可。

（1）预设：在"预设"下拉列表框中可以选择文档的尺寸，其中包含美国、国际标准纸张，以及 Web、移动设备、胶片和视频的常用尺寸，可以根据作图需要选择，也可以自定义设置文件的尺寸。

与文件尺寸相对应的是尺寸单位，包括像素、英寸、厘米、毫米、点、派卡、列。输出目的不同，其对应的尺寸单位也不同。通常，纸质材料输出单位为厘米、毫米，而屏幕输出单位为像素。

（2）分辨率：分辨率决定了位图图像细节的精细程度。通常情况下，图像的分辨率越高，其所包含的像素就越多，图像就越清晰，印刷的质量也就越好。同时，高分辨率会增加文件占用的存储空间。描述分辨率的单位有：dpi（点每英寸）、lpi（线每英寸）和 ppi（像素每英寸）。只有 lpi 是描述光学分辨率的尺度的。虽然 dpi 和 ppi 也属于分辨率范畴内的单位，但是它们的含义与 lpi 不同。而且，lpi 与 dpi 无法准确换算，只能凭经验估算。

值得注意的是，ppi 和 dpi 经常被混淆。应该清楚它们所适用的领域。从技术角度讲，"像素——ppi"只存在于计算机显示领域，而"点——dpi"只出现于打印或印刷领域。

（3）颜色模式：Photoshop 为用户提供了五种颜色模式，包括位图、灰度、RGB 颜色、CMYK 颜色和 Lab 颜色，如图 1-20 所示；颜色通道包括：8 位、16 位和 32 位，如图 1-21 所示。

（4）背景内容："背景内容"下拉列表框中包含"白色""黑色""背景色""透明""自定义"5 个选项，如图 1-22 所示。

图 1-19　文件的创建

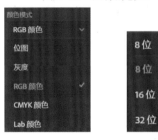

图 1-20　颜色模式　图 1-21　颜色通道

图 1-22　背景内容

1.3.2　打开文件

执行"文件"→"打开"命令，如图 1-23 所示，选中一个文件，单击"打开"按钮（快捷键 Ctrl+O），即打开一个文件。

图 1-23　文件的打开

1.3.3　保存文件

执行"文件"→"存储"命令（快捷键 Ctrl+S）或"文件"→"存储为"命令（快捷键 Shift+Ctrl+S），即可保存文件，如图 1-24 所示。

1.3.4　图像与画布大小的调整

执行"图像"→"图像大小"命令（快捷键 Alt+Ctrl+I），如图 1-25 所示，弹出"图像大小"对话框，如图 1-26 所示，即可根据需要调整图像的大小。

执行"图像"→"画布大小"命令（快捷键 Alt+Ctrl+C），弹出"画布大小"对话框，如图 1-27 所示，即可根据需要对画布大小进行调整。

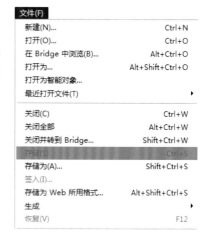

图 1-24　文件的保存

图 1-25　"图像大小"命令

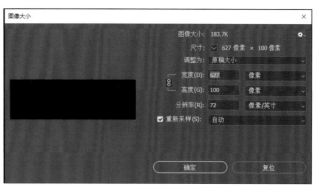

图 1-26　"图像大小"对话框

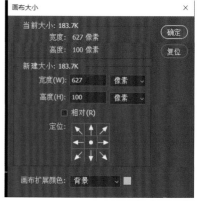

图 1-27　"画布大小"对话框

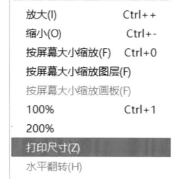

图 1-28
视图的缩放

1.3.5　视图的缩放

选中图像，执行"视图"→"放大"命令（快捷键 Ctrl++），可将图像在屏幕上的显示尺寸放大，最大可至 32 倍；执行"视图"→"缩小"命令（快捷键 Ctrl+-），可将图像在屏幕上的显示尺寸缩小，如图 1-28 所示。

通过调整状态栏中的比例参数（直接输入比例，100% 为默认视图显示比例），同样可以对视图进行缩放，如图 1-29 所示。

通过工具栏中的"放大镜工具"，可对视图作放大与缩小显示处理，如图 1-30 所示。放大镜图标为"+"号时，属性为放大；放大镜图标为"-"号时，属性为缩小。可通过按 Alt 键进行属性切换。

选中图像，执行"编辑"→"自由变换"命令（快

图 1-29　通过状态栏缩放视图

图 1-30　工具栏中的"放大镜工具"

捷键 Ctrl+T），如图 1-31 所示，拖动控制点同样可以缩放图像；按 Shift 键同时拖动控制点可等比例缩放图像。将光标置于控制框外侧，按 Shift 键单击，可以 15° 旋转图像，如图 1-32 所示。

　　拖动中间控制点可以平行斜切图像，如图 1-33 所示；拖动任一控制角点，可以任意变形图像，如图 1-34 所示。

　　按 Ctrl+Shift+Alt 组合键拖动控制点可以为图像添加透视效果，拖动边线中间控制点就可以调整出想要的透视角度，如图 1-35 所示。

　　按 Ctrl+T 组合键，工具栏中的 🔲（变形与自由变换切换）按钮处于可用状态，单击该按钮，图像中会出现九宫格变形控制框，调整任何一条线或一个控制点都可以使图像变形，如图 1-36 所示。Photoshop 为用户预置了很多变形方式，以便用户使用，如图 1-37 所示。

微课：变换工具的快捷使用

图 1-31　图像变换控制框

图 1-32　15° 旋转图像

图 1-33　斜切图像（中间控制点）

图 1-34　任意变形图像（控制角点）

图 1-35　透视

图 1-36　变形

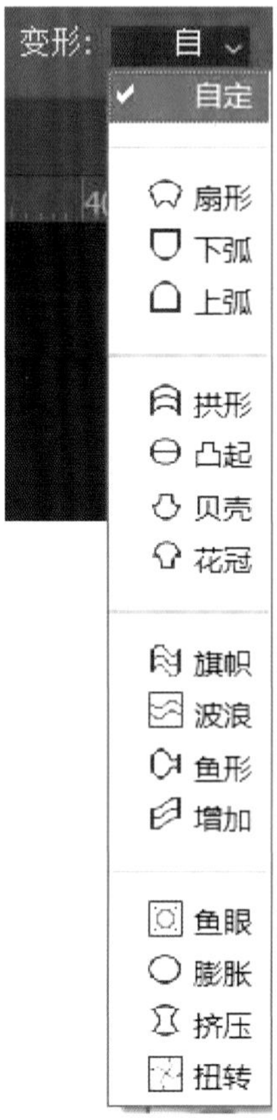

图 1-37　预置变形方式

1.3.6　参考线和标尺

　　执行"视图"→"标尺"命令（快捷键 Ctrl+R），即可打开标尺，如图 1-38 和图 1-39 所示。利用 Photoshop 的标尺功能可以方便地进行一些关于尺寸调整的操作，如可以用标尺测量图像中两点的距离、标定一定尺寸的区域等。标尺的坐标原点可以设置在画布的任何位置，拖动坐标原点（标尺的左上角）即可改变坐标原点的位置；用鼠标双击标尺的左上角可以还原坐标原点到默认点。

　　打开标尺后，可以单击标尺，拖动鼠标为图像建立辅助线，如图 1-40 所示，默认的辅助线呈蓝色显示，输出时不可见。当"视图"菜单中的"对齐"选项处于被选中状态时，如图 1-41 所示，可选择其下方的"对齐到"子菜单中的相应选项。

屏幕模式(M)　　　　　　　　▶
✓ 显示额外内容(X)　　　　Ctrl+H
　显示(H)　　　　　　　　　　▶
　标尺(R)　　　　　　　　Ctrl+R
✓ 对齐(N)　　　　　Shift+Ctrl+;
　对齐到(T)　　　　　　　　　▶
　锁定参考线(G)　　　Alt+Ctrl+;
　清除参考线(D)
　新建参考线(E)...
　锁定切片(K)
　清除切片(C)

图 1-38　"标尺"命令

图 1-39　标尺状态

图 1-40　拖出辅助线

图 1-41　对齐辅助线设置

按 Ctrl+H 组合键可显示 / 隐藏参考线，按 Ctrl+R 组合键可显示 / 隐藏标尺。

如需自定义参考线的颜色与样式，可用鼠标双击参考线，在弹出的"首选项"对话框中修改相应的参数，如图 1-42 所示。

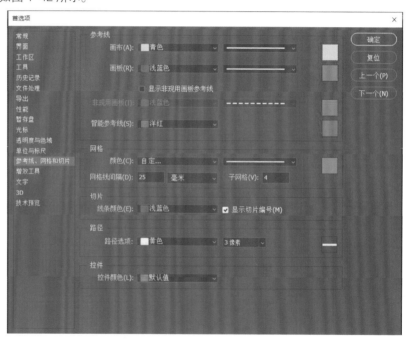

图 1-42　改变参考线参数

1.3.7　图像的基础特性

Photoshop 中的图像分为位图和矢量图两种类型。位图图像又称点阵图像或绘制图像，是由像素组成的。这些像素点通过不同的排列方式和色彩，构成形态各异的图像。当位图图像放大到一定尺寸时，可以清晰地看到图像中的像素块，如图 1-43 所示。

矢量图像是根据几何特性绘制的图形，只能依靠软件生成，这种类型的图像文件包含独立的分离图像，可以自由、无限制地重新组合。它的特点非常显著，无限放大后图像依然清晰，不会失真，如图 1-44 所示。

图 1-43　位图图像　　　　图 1-44　矢量图像

1.4　实践案例——为图片添加边框

1.4.1　新建文档

按 Ctrl+N 组合键新建文档，将其命名为"美化图框"。设置宽度为 800 像素、高度为 600 像素、分辨率为 72 像素 / 英寸、颜色模式为 RGB 颜色、背景内容为"其它"（颜色 RGB 数值为 R：125；G：125；B：125），如图 1-45 所示。

图 1-45　新建文档

1.4.2　置入风景图片

（1）执行"文件"→"置入嵌入的智能对象"命令，选取"素材"文件夹中的"风景 .tif"文件，单击"置入"按钮，风景画就会被置入新建的文档，在属性栏中单击"确认"按钮，完成置入，如图 1-46 和图 1-47 所示。

图 1-46　置入对象菜单　　　　　图 1-47　置入风景画

（2）按 F7 键打开图层面板，在灰色的背景层上新建一个图层，命名为"画框"，如图 1-48 所示。在"画框"图层中绘制一个比画布略小、比画面略大的方形选区。

（3）在工具栏中单击"前景色 / 背景色"按钮，设置为前黑/背白色，如图 1-49 所示，按 Ctrl+Backspace 组合键填充背景色到选区内，一个白色的背景框初步建立，如图 1-50 所示。

图 1-48　"画框"图层　　　　图 1-49　设置前黑 / 背白色

1.4.3　制作画框投影

（1）按 Ctrl+J 组合键（复制图层）复制"画框"图层，新图层为"画框 拷贝"，如图 1-51 所示，按 Ctrl 键同时选择"画框"图层，该图层的选区被选中。

（2）设置前景色为灰色，按 Alt+Delete 组合键填充为前景色。

（3）按 Ctrl+T 组合键并单击 按钮切换至变形模式，拖动控制角点对灰色背景图层做变形处理，形成画框的阴影效果，如图 1-52 和图 1-53 所示。

（4）设置深灰色图层的合成模式为"正片叠底"，并设置不透明度为 60%，白色画框跃然纸上。

图 1-50　白色背景效果

图 1-51　复制"画框"图层

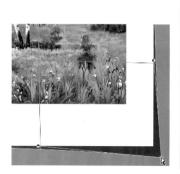

图 1-52　调整控制角点位置

图 1-53　变形深色背景图层形成阴影效果

1.4.4　微调位置

同时选择"风景""画框 拷贝"两个图层，执行"图层"→"对齐"→"水平居中"命令，将风景画与白色背板水平居中对齐，画框制作完成，最终效果如图 1-54 所示。

图 1-54　最终效果图

1.5　实践案例——给爱因斯坦做证件照

打开"爱因斯坦 .jpg"素材图片（图 1-55），这是爱因斯坦站在黑板前的一张照片，将它改造成证件照需要将背景换成蓝色，并添加白色边框。

图 1-55　爱因斯坦照片原图

1.5.1　裁除多余部分

使用"裁剪"工具  或按 C 键，参考图 1-56 控制裁切线框，裁除人物头像及上半身以外的区域。

图 1-56　裁剪效果

1.5.2　调整画布尺寸

观察画面比例，发现人物头顶上方的空间有些狭窄，按 Ctrl+Alt+C 组合键，调出"画布大小"面板，将"定位"点设置在九宫格最下方，将高度变更为 390，如图 1-57 和图 1-58 所示。单击"确定"按钮后，人物头顶上方会扩展出一段空间，如图 1-59 所示。

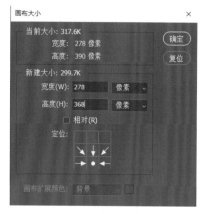
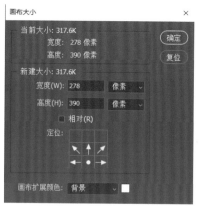

图 1-57　原始高度　　　　　　图 1-58　调整高度　　　　　　图 1-59　扩展画布后的效果

1.5.3　更换人物背景

在更换背景前，需要做一件非常重要的工作，那就是"备份图层"。在图层面板中拾取人物图层，拖曳至"新建"按钮，即完成层复制，或者按 Ctrl+J 组合键完成复制图层。

注意：备份图层是非常重要的工作习惯，该操作既可以保存原始数据作为后期效果的参考，也可以给设计者留下重新来过的机会，每个设计者都应养成这个好习惯！

在工具栏选择 "快速选择工具" ，仔细将人物选区勾勒出来，如图 1-60 所示。

技巧：在选区的同时配合按 Ctrl 键是加选，配合按 Alt 键是减选。

按 Ctrl+J 组合键将选区内容复制到新图层，人物将单独建立一个新图层（图 1-61），原图层内容不变；如果按 Ctrl+Shift+J 组合键将选区内容剪切至新图层，则原图层选区内容就会被剪切到新图层（图 1-62）。

图 1-60　勾勒人物选区　　图 1-61　选区内容复制到新图层　　图 1-62　原图层选区内容被剪切到新图层

单击人物层下方的原图层将其置为当前层，单击"图层"→"新建"按钮，新建一个图层，设置前景色为 #00a0e9（蓝色），按 Alt+Delete 组合键填充前景色，将蓝色背景填充在新建图层中，如图 1-63 和图 1-64 所示。

图 1-63　添加蓝背景效果　　图 1-64　蓝背景图层关系

1.5.4　精修人像

此时的人像需要精修两个部分：一部分是人像边缘需要再精致一些；另一部分是修掉人像胸前持烟斗的手。

1. 修整边缘

（1）按 Ctrl 键，同时单击图层"图层 2"缩略窗口，这样可轻松拾取人物选区。

（2）执行菜单"选择"→"修改"→"羽化"命令，弹出"羽化选区"对话框，设置"羽化半径：2"，如图 1-65 和图 1-66 所示。

（3）按 Ctrl+Shift+I 组合键进行反向选区，此时选区变为人物以外的部分，按 Delete 键 2 次进行删除，人像边缘生硬、不整齐的部分就被删除掉了。也可以用软橡皮擦除人像边缘的一些瑕疵，以达到最佳的效果，如图 1-67 所示。

2. 清除拿烟斗的手

作为一个设计师首先要会根据不同的素材情况进行分析，找出素材的特征，以便判断使用哪种工具进行下一步工作。素材中杏色的外套色彩比较均匀，胸前没有明显的明暗关系，因此可采用先复摹、后融合的方式。

（1）在工具栏选择"仿制图章工具" 🖾，在人物的左胸选择一个干净的区域作为采样源，在按 Alt 键的同时单击鼠标左键确认采样源，松开 Alt 键，并将鼠标光标移至复制目标点——持烟斗的手，进行涂抹，如图 1-68 所示。涂抹的过程中要观察源点的"+"，确保复制内容准确，如图 1-69 所示。

（2）选择工具栏"修补工具" 🖾，单击属性栏"目标"按钮，其含义是从源修补目标，如图 1-70 所示。

（3）在外套纹理干净的区域画一个选区，按住鼠标左键拖曳至光影较为生硬的目标点，如图 1-71 和图 1-72 所示，松开鼠标左键后可见原来较为生硬的区域非常自然地融合为一体。

图 1-65　修改羽化　　　　　　　　　　　图 1-66　羽化参数设置

图 1-67　抠像完美　　　　　　　　　　图 1-68　仿制图章复制影像

图 1-69   仿制图章修复效果

图 1-70   修补工具（目标）参数设置

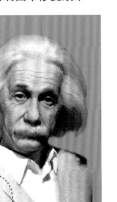

图 1-71   选取源点

图 1-72   拖曳至目标点

1.5.5   给证件照加框

现在为证件照加一个白色的边框。按 Ctrl+Alt+C 组合键调整画布大小，弹出"画布大小"面板，将宽度、高度分别增加 40 个像素，其他参数保持不变，如图 1-73 和图 1-74 所示。

爱因斯坦的证件照制作完成。

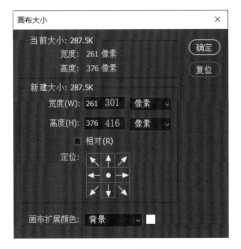

图 1-73   画布扩展参数

图 1-74   完成效果

◉ 本章小结 ....◉

　　本章重点介绍了 Photoshop 工作区域的基本架构和基础编辑功能，以及 Photoshop 涉及的行业和领域。通过初步了解和案例学习，学生应基本掌握常用工具、图层、图像编辑的使用方法，能够通过练习熟悉常用的快捷键组合，为准确、快速操作打好基础，并在学习过程中不断地提高学习兴趣，建立信心，获得成就感。

◉ 课后习题 ....◉

一、选择题

1. 新建文件的快捷键是（　　　）。

   A. Ctrl+N   B. Ctrl+A   C. Ctrl+C   D. Ctrl+E

2. 按 Alt+Delete 组合键，为选区填充（　　　）。

   A. 前景色   B. 自定义颜色   C. 背景色   D. 图案

二、简答题

1. 默认面板组合中包含哪几个面板？

2. 参考线的颜色可以改变吗？若可以，应怎样操作？

◉ 拓展模块——拆盲盒 ....◉

拓展案例

第2章 图层与通道

2.1 图层与图层面板

2.1.1 图层

图层，通俗地讲就是计算机屏幕里的一张透明的"纸"。在绘制图像时，可以选择在不同的"透明纸"上操作，每一层"透明纸"上的图像都可独立编辑，不会影响其他"透明纸"上的图像。将这些绘有不同图像的"透明纸"通过透明度、图层混合模式、图层蒙版等方式叠放在一起，就形成了一个丰富多彩的图像。

2.1.2 图层面板

图层面板是 Photoshop 软件中不可缺少的控制面板。按 F7 键可开启 / 关闭图层面板，也可以通过执行"窗口"→"图层"命令来显示图层面板。在图层面板中可以对图层进行管理和操作。图层面板如图 2-1 所示。

图 2-1 图层面板

（1）图层混合模式：此选项决定当前图层的图像与其下面图层的图像之间的混合形式。系统提供了 27 个选项。

（2）不透明度：设置图层混合时图像的不透明度。

（3）锁定：可以选择锁定图层的方式，从左至右依次为锁定透明像素、锁定图像像素、锁定位置和锁定全部。锁定功能只对普通图层有效，对背景图层无效。

①锁定透明像素：单击此按钮，将锁定当前图层的透明区域，再对图层进行颜色填充或在图层中绘制图形时，只能在图层中的部分区域进行。

②锁定图像像素：单击此按钮，不能对当前层进行绘图编辑。

③锁定位置：单击此按钮，将锁定当前图层的位置和变换功能，不能对其进行移动和变换操作。

④锁定全部：单击此按钮，当前的图层或图层组将完全处于锁定状态，不能对其进行修改和编辑。此时只能改变图层的排列顺序。

（4）填充：用来设置图层的不透明度，与图层的"不透明度"选项相似。"填充"选项影响图层中绘制的像素或形状，但不影响图层效果的不透明度；而"不透明度"选项影响应用于图层的任何图层样式和混合模式。

（5）指示图层可见性：单击此按钮，可以显示或隐藏图层。

（6）图层名称：显示各个图层的名称，一般显示在缩览图的右边。如果要修改图层的名称，则在图层名称处用鼠标双击或执行"图层"→"图层属性"命令，然后在弹出的"图层属性"对话框中修改图层的名称即可。

（7）图层缩览图：显示本图层中的图像。

（8）链接图层：链接多个图层，使链接的图层中的图像能够同时被编辑。链接的图层也可以执行对齐、分布与合并等操作。

（9）添加图层样式：单击此按钮，可以在当前图层添加图层样式。

（10）添加蒙版：单击此按钮，可以在当前图层添加图层蒙版。

（11）创建新的填充或调整图层：单击此按钮，可以在图层面板中创建不改变原图层并能调整颜色和色调的调整图层。

（12）创建新组：单击此按钮，可以创建一个图层组。

（13）创建新图层：单击此按钮，可以在图层面板中创建新的普通图层。

（14）删除图层：单击此按钮，可以将选定的图层删除。

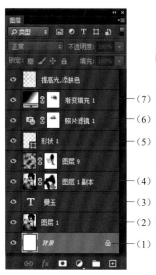

图 2-2　图层类型

2.2　图层的类型

在 Photoshop 中有多种类型的图层，每一种类型的图层都有其独特的功能，如图 2-2 所示。

（1）背景图层：图层面板中最下面的图层，一幅图像只能有一个背景图层。Photoshop 无法更改背景图层的顺序、混合模式和不透明度，但可将背景图层转换为普通图层，然后进行编辑。

（2）普通图层：普通图层是最常见的图层，完全透明，可以进行图像的各种编辑操作。

（3）文本图层：在图像中输入文字后，自动生成的图层。主要用于编辑文字内容。如要使用画笔、滤镜、渐变填充等功能编辑文本，必须先栅格化文本图层，将文本图层转换为普通图层。

（4）蒙版图层：在不破坏图像的基础上，显示或隐藏部分图像的图层。

（5）形状图层：制作矢量效果的图层。使用"形状工具"绘制形状，系统自动生成形状图层。

（6）调整图层：调整图像颜色和色调的图层。调整图层会影响它下面的所有图层，而不会改变图像中的像素值。

（7）填充图层：调整图像填充效果的图层。填充图层可以应用于多个图层。

2.3　图层的编辑

2.3.1　图层的新建、复制与删除

1. 新建图层

新建普通图层的方式有四种：

（1）单击图层面板中的"创建新图层"按钮，新建普通图层，如图 2-3 所示。

（2）利用图层面板菜单新建图层。单击图层面板右上角的扩展按钮，在弹出的菜单中执行"新建图层"命令，如图 2-4 所示。

图 2-3　"创建新图层"按钮　　　　图 2-4　图层面板扩展菜单中的"新建图层"命令

（3）执行"图层"→"新建"→"图层"命令（图 2-5），同样可以弹出"新建图层"对话框，如图 2-6 所示，其余操作方式和作用效果与利用图层面板菜单新建图层完全相同。

图 2-5　"图层"菜单中的"新建"→"图层"命令　　　　图 2-6　"新建图层"对话框

（4）按 Ctrl+Shift+N 组合键，在弹出的"新建图层"对话框中进行相关参数设置，新建图层；按 Ctrl+Shift+Alt+N 组合键，可直接新建一个普通图层。

　　注意：执行"图层"→"新建"→"通过剪切的图层"命令，可在剪切选区内容的同时形成一个新图层，新图层中图像的位置保持不变。

2. 复制图层

复制图层可根据不同的情形选择不同的方法。

（1）可拖曳"当前图层"到"创建新图层"按钮完成复制，如图 2-7 所示。

（2）选择需要复制的图层单击鼠标右键，在弹出的快捷菜单中执行"复制图层"命令（快捷键 Ctrl+J），弹出"复制图层"对话框，单击"确定"按钮，完成图层的复制，如图 2-8 所示。

图 2-7　拖曳"当前图层"到"创
建新图层"按钮完成复制

图 2-8　"复制图层"对话框

3. 删除图层

（1）选择要删除的图层，单击图层面板中的"删除图层"按钮即可实现图层的删除。

（2）选择要删除的图层，单击鼠标右键，在弹出的快捷菜单中执行"删除图层"命令，完成删除图层操作。

（3）选择将要删除的图层，按 Delete 键直接删除图层。

2.3.2　图层的对齐与分布

1. 对齐图层

对齐图层分为两种情形：一种是对齐链接的图层；另一种是对齐选择的多个图层，如图 2-9 所示。

　　注意：只有选择或者链接了两个或者两个以上的图层，对齐功能才可用。

图 2-9　对齐图层

（1）对齐链接的图层。Photoshop 早前的版本不可以同时选择多个图层，因此，若要对齐图层，只有先将需要对齐的图层做链接，然后选择链接的图层中的任意一层，在"移动工具"下对齐图层。对齐的基准图层为当前所选择的图层。对齐的依据是所选择图层存在像素的最左端、水平中点、最右端及最顶端、垂直中点、最底端。

（2）对齐选择的多个图层。Photoshop CS2 版本后允许选择多个图层，在同时选择了需要对齐的多个图层后，在"移动工具"下，图层的对齐功能可用。这种方式没有对齐的基准层，它是以所选择的图层中存在像素的最左端、最右端、最左至最右的水平中点以及最顶端、最底端、最顶端至最底端的垂直中点为对齐依据的。

注意：对齐图层时可以选择背景图层来作为对齐基准层。在选择多个图层的情形下选择背景层，则背景层为对齐基准层。在链接图层时，连同背景层一同选择在内，但若选择的基准层不是背景层，在使用对齐后，背景层将变为普通图层。

2. 分布图层

分布图层如图 2-10 所示。要分布图层，必须链接或选择三个及三个以上的图层。分布图层是没有基准层的。例如，横向分布是以所链接或选择的多个图层各层中存在像素的最左端、水平中点、最右端为依据的，位于最左、最右两端的图层不动，移动位于水平中间的部分图层，按分布的依据平均分布。纵向分布也是如此。

图 2-10　分布图层

如图 2-11 所示，选择三个图层，分布方式为按右分布，实际上就相当于红色与绿色两个图层保持不动，而把蓝色图层向右移动（蓝色圆上的箭头表示它移动的方向）。因为是按右分布，所以是以各图层中存在像素的最右端为分布依据来对图层进行平均分布的，分布后的结果：线段 ab=cd。

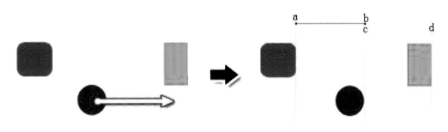

图 2-11　图层分布示意

注意：本例中的蓝色图层向右移动并非存在于所有的情形。在按右分布的情形下，中间的图层并非都向右移，其必须保证图层移动后的结果是线段 ab=cd。在图 2-11 中，若蓝色图层一开始更接近绿色图层，使用按右分布方式，则蓝色图层将向左移动。另外，如果选择或者链接了背景图层，分布功能不可用。

2.3.3　图层的合并与链接

1. 图层的合并

在一个文件中，建立的图层越多，该文件所占用的磁盘空间也越大。因此，对一些没必要分开的图层进行合并，减少文件所占用的磁盘空间，可以提高文件编辑速度。图层合并可以通过执行

图 2-12　图层的合并

"图层"菜单或图层面板中的相应命令进行，如图 2-12 所示。合并图层的常用命令有"向下合并""合并可见图层"和"拼合图像"，各命令的功能如下：

（1）向下合并。可将当前图层合并到其下方的图层中，其他图层保持不变。使用此命令合并图层时，需要将当前图层的下一图层设为显示状态。该命令的快捷键是 Ctrl+E。

（2）合并可见图层。可将文件中所有显示的图层合并，隐藏的图层则保持不变。该命令的快捷键是 Ctrl+Shift+E。

（3）拼合图像。可将图像中所有显示的图层拼合到背景图层中。如果图像中没有背景图层，将自动把拼合后的图层作为背景图层。如果图像中含有隐藏的图层，将在拼合过程中丢弃隐藏的图层。在丢弃隐藏的图层时，会弹出提示对话框，提示用户是否确实要丢弃隐藏的图层。

注意："压印"是将图层面板中的可见图层合并生成一个新图层，其原有的图层保持不变。使用快捷键 Ctrl+Shift+Alt+E 即可压印图层。

2. 图层的链接

图层链接的作用是同时固定多个图层，链接图层中任意一个图层的位移、变换等操作都能同时应用到链接的其他图层上。

在图层面板中同时选择两个或两个以上的图层，单击图层面板下方的"链接图层"按钮，当选中的图层名称后面出现链条图标时，表示选中的图层链接在了一起，如图 2-13 和图 2-14 所示。

取消图层链接的方法如下：

在图层面板中选择链接图层中的任意一个图层，单击图层面板下方的"链接图层"按钮，此时当前图层名称后面的图标消失，表示取消了当前图层与其他图层的链接，如图 2-15 和图 2-16 所示。

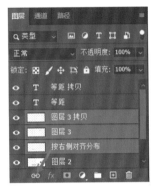　　　

图 2-13　选择需要链接的图层　　图 2-14　链接后的图层　　图 2-15　选择链接的图层　　图 2-16　取消链接后的图层

图 2-17　图层混合模式

2.3.4　图层混合模式

图层混合模式是指为了得到特殊的效果，将当前图层中的图像与其下面的图层中的图像进行混合所选择的混合模式。Photoshop 中运用图层混合模式可以创建多种图像效果，如图 2-17 所示。

（1）正常：系统默认模式，新建图层后混合模式都为正常。在此模式下，可以通过调节图层的不透明度和图层填充参数改变图层混合后的效果。不透明度和图层填充参数不同，显示的混合效果也不同，如图 2-18 所示。

（2）溶解：该混合模式能创建点状喷雾式的图像效果。不透明度越低，像素点越分散，而分散的位置是随机的，并在溶解的位置显示背景，如图 2-19 所示。

（3）变暗：选择该混合模式，当前图层或底层中较深的颜色覆盖较浅的颜色，其中当前图层中亮的部分被替换，而较暗的部分保持不变，从而使整个图像变暗，如图 2-20 所示。

图 2-18　混合模式：正常　　　　图 2-19　混合模式：溶解　　　　图 2-20　混合模式：变暗

（4）正片叠底：选择该混合模式将当前图层融合底层颜色时，会突出显示较深的色调。在该模式中，任何颜色与黑色混合，得到的还是黑色，任何颜色与白色混合，得到的还是该颜色，如图 2-21 所示。

（5）颜色加深：选择该混合模式使图层亮度降低，色彩加深。白色混合后图像不产生变化，如图 2-22 所示。

（6）线性加深：选择该混合模式可以减小底层图像的亮度，使基色变暗以反映当前图层颜色。与白色混合保持不变，如图 2-23 所示。

图 2-21　混合模式：正片叠底　　　图 2-22　混合模式：颜色加深　　　图 2-23　混合模式：线性加深

（7）深色：该混合模式下，将显示当前图层和底层中相对较暗的像素，如图 2-24 所示。

（8）变亮：该模式与"变暗"模式相反，选择基色或混合色中较亮的颜色作为结果色。比混合色暗的像素被替换，比混合色亮的像素保持不变，如图 2-25 所示。

（9）滤色：该混合模式下，混合后的颜色较亮，用黑色过滤时颜色保持不变，用白色过滤时产生白色。此效果类似多个摄影幻灯片在彼此之上投影，如图 2-26 所示。

图 2-24　混合模式：深色　　　图 2-25　混合模式：变亮　　　图 2-26　混合模式：滤色

（10）颜色减淡：选择该混合模式会通过减小对比度使底层变亮以反映当前图层中的颜色，与黑色混合则不发生变化，如图 2-27 所示。

（11）线性减淡（添加）：该模式与"线性加深"模式相反，是通过增加亮度使底层颜色变亮以反映当前图层颜色的变化，与黑色混合则不发生变化，如图 2-28 所示。

（12）浅色：该模式与"深色"模式相反，通过对前图层和底层比较，显示两个图层中相对较亮的像素，如图 2-29 所示。

图 2-27　混合模式：颜色减淡　　　图 2-28　混合模式：线性减淡（添加）　　　图 2-29　混合模式：浅色

（13）叠加：该混合模式是"正片叠底"和"滤色"的组合模式。图像在进行叠加时，加深背景颜色的深度，并且覆盖背景中浅色的部分，如图 2-30 所示。

（14）柔光：该混合模式的效果如同在图像上打一层柔和的光。使用这种模式混合后可以使当前颜色变亮或变暗。用纯黑色或纯白色绘画会产生明显较暗或较亮的区域，但不会产生纯黑色或纯白色，如图 2-31 所示。

（15）强光：该混合模式的效果与耀眼的聚光灯照在图像上相似。可用于在图像中添加高光和阴影效果。其颜色和柔光相比，或更浓重，或更浅淡，这取决于图层上的颜色亮度。用纯黑色或纯白色绘画会产生纯黑色或纯白色，如图 2-32 所示。

图 2-30　混合模式：叠加　　　图 2-31　混合模式：柔光　　　图 2-32　混合模式：强光

（16）亮光：该混合模式通过增加或减小对比度来加深或减淡颜色。以当前图层的颜色明暗程度决定混合后图像变亮还是变暗，如图 2-33 所示。

（17）线性光：该混合模式通过减小或增加亮度来加深或减淡颜色。如果当前图层的颜色比50% 灰色亮，则通过增加亮度使图像变亮。如果当前图层的颜色比 50% 灰色暗，则通过减小亮度使图像变暗，如图 2-34 所示。

（18）点光：该混合模式是根据当前图层颜色的亮度来替换颜色。"点光"模式对于相同图像之间的互叠不产生直接效果，但应用于图层颜色的重叠时会产生丰富的图像效果，如图 2-35 所示。

图 2-33　混合模式：亮光　　　图 2-34　混合模式：线性光　　　图 2-35　混合模式：点光

（19）实色混合：在该混合模式下，混合后的颜色取决于底层颜色与当前图层的亮度，如图 2-36 所示。

（20）差值：该混合模式是将混合的两个图层颜色相互抵消，产生一种新的颜色效果。该模式与白色混合将反转颜色；与黑色混合则不产生变化，如图 2-37 所示。

（21）排除：选择该混合模式可产生一种与"差值"模式相似，但对比度更低的效果。与白色混合将显示相反的颜色，与黑色混合则不发生变化，如图 2-38 所示。

图 2-36　混合模式：实色混合　　　图 2-37　混合模式：差值　　　图 2-38　混合模式：排除

（22）减去：该混合模式是根据不同的图像，减去图像中的亮部和暗部，并与下一层图像混合，如图 2-39 所示。

（23）划分：该混合模式是将图像划分为不同的色彩区域与下一层图像混合，产生特殊的图像效果。如果两个图层颜色相同，混合后颜色为白色；当前图层为白色，混合后没有变化；如当前图层为黑色，混合后颜色为白色，如图 2-40 所示。

（24）色相：选择该混合模式，是将底层图层颜色的亮度与饱和度和当前图层颜色的色相相结合，产生特殊的图像效果，如图 2-41 所示。

图 2-39　混合模式：减去　　　　图 2-40　混合模式：划分　　　　图 2-41　混合模式：色相

（25）饱和度：选择该混合模式，是将底层颜色的亮度与色相和当前图层颜色的饱和度相结合，产生特殊的图像效果。在 0 饱和度（灰色）的区域上用此模式不产生变化，如图 2-42 所示。

（26）颜色：选择该混合模式，是将底层颜色的亮度和当前图层颜色的色相与饱和度相结合，产生特殊的图像效果。颜色混合模式一般用于为图像添加单色效果，如图 2-43 所示。

（27）明度：选择该混合模式，是将底层颜色的色相与饱和度和当前图层颜色的亮度相结合，产生特殊的图像效果，如图 2-44 所示。此模式的效果与"颜色"模式的效果相反。

图 2-42　混合模式：饱和度　　　　图 2-43　混合模式：颜色　　　　图 2-44　混合模式：明度

2.4　图层样式

图层样式是 Photoshop 中一个用于制作各种效果的强大功能，利用图层样式功能，可以简单、快捷地制作出各种立体投影、质感及光影效果的图像特效。与不用图层样式的传统效果制作方法相比较，图层样式具有速度更快、效果更精确、可编辑性更强等传统方法无法比拟的优势。

Photoshop 中提供了预设的样式面板，加载了多种预设样式，用户可以直接应用创造出与预设相同的效果。

2.4.1　样式面板

样式面板中可以载入很多图层样式预设，用户也可以将自定义的图层样式存储为图层样式预

图 2-45　样式面板

设，如图 2-45 所示。

2.4.2　图层样式的应用

1. 系统样式效果

在样式面板中，系统提供了多种图层样式预设，用户可以通过载入、追加等方式将其应用到图层上。

如图 2-46 所示，左上图形是在添加了"皮毛 - 豹纹"样式后产生的效果。

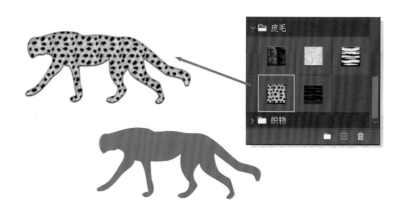

图 2-46　图形添加"皮毛—豹纹"样式后的效果

2. 图层样式应用——逼真的香皂

图层样式的应用技术使用比较普遍，以下制作的仿真香皂就是由多种图层样式综合运用达成的效果。

（1）打开"素材"文件夹"丝绸布 .jpg"文件，调整好合适的比例。

（2）使用"圆角矩形" ⬛ 绘制一个扁长的圆角矩形形状，圆角半径为 150 px，如图 2-47 所示。

（3）保持"圆角矩形 1"层为当前层，单击"图层"面板底部的"图层样式"按钮 *fx*，在弹出的菜单中选择"渐变叠加"样式（图 2-48），将"渐变叠加"添加至"圆角矩形 1"图层下（图 2-49），用鼠标左键双击"渐变叠加"展开图层样式面板，参考图 2-50 的参数设置渐变叠加效果（图 2-51）。

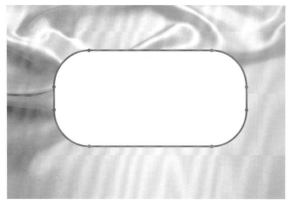

图 2-47　绘制一个圆角矩形

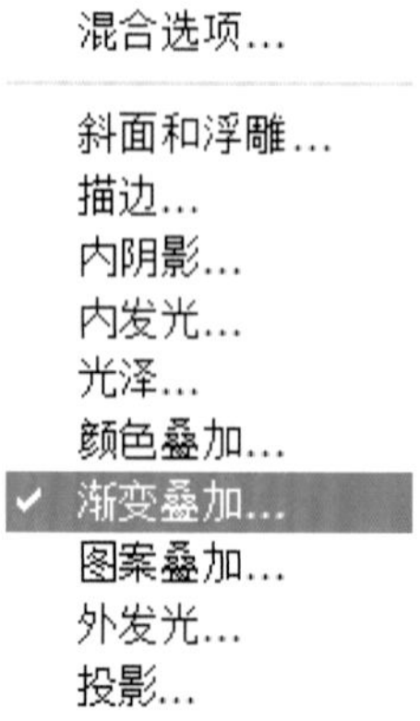

图 2-48　选择"渐变叠加"

图 2-49　添加图层样式

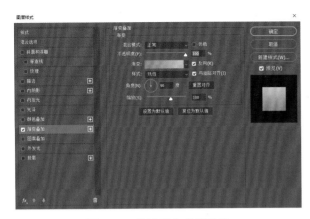

图 2-50　渐变叠加参数设置

图 2-51　渐变叠加效果

（4）继续添加图层样式，可以在"图层样式"面板左侧直接勾选"斜面和浮雕"样式，参考图 2-52 进行参数设置，这里将软化数值设为最大，以使香皂看起来更为圆润。深度设置适度，没有生硬的棱边即可。设置"等高线"参数，"图素"选择"半圆"形状，如图 2-53 所示。添加斜面浮雕后的效果，如图 2-54 所示。

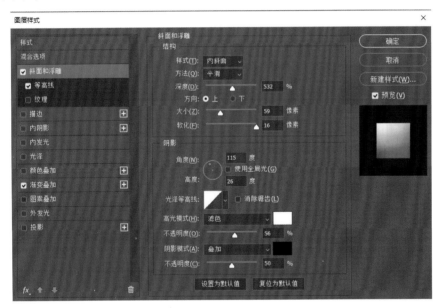

图 2-52　斜面与浮雕参数

图 2-53　斜面浮雕—等高线参数设置

图 2-54　添加斜面浮雕后的效果

（5）添加阴影效果。勾选"图层样式"面板的"阴影"，设置阴影颜色为暗红色，"混合模式"设置为"正片叠底"，取消"使用全局光"，其他参数参考图 2-55 设置，阴影效果如图 2-56 所示。

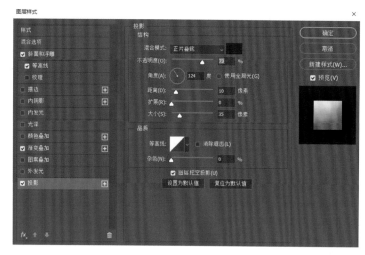

图 2-55 阴影设置

图 2-56 阴影效果

（6）制作底部反光。复制"圆角矩形 1"图层并命名新图层为"反光"，单击鼠标右键弹出快捷菜单，执行"清除图层样式"命令（图 2-57），将"反光"层再次复制 3 个（图 2-58），将最上边两层的"眼睛"图标关闭。

选择"反光 拷贝"图层，使用"路径选择工具" ▸ 拾取图层中的圆角矩形向上轻移，移动距离参看图 2-59 的效果。

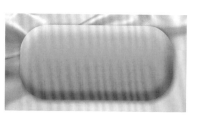

图 2-57 复制图层　图 2-58 清除图层样式

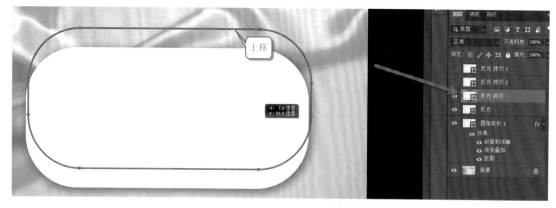

图 2-59 向上移动圆角矩形

在按住 Shift 键的同时选择"反光 拷贝"与"反光"层，按 Ctrl+E 组合键执行合并图层命令，将两层合并，选择合并后的形状，单击属性栏"路径操作"按钮▣，选择"减去顶层形状"选项（图 2-60），可见交叠的两个形状的上层被剪掉，剩下底层的月牙形状，如图 2-61所示。

使用"路径选择工具" ▸ 拾取月牙形状，执行"滤镜"→"模糊"→"高斯模糊"命令，弹出"选项"对话框选择"栅格化"选项（图 2-62），弹出"高斯模糊"对话框，设置模糊参数，模糊效果如图 2-63 所示。

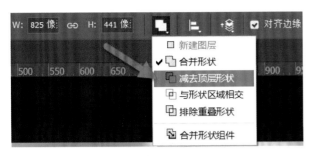

图 2-60　路径操作

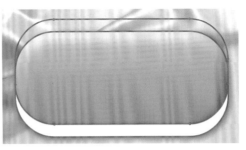

图 2-61　减去顶层形状结果

图 2-63　模糊效果

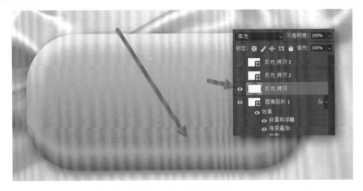

图 2-62　栅格化设置

注意：模糊参数大小与图档尺寸相关，图档尺寸越大，同样效果所需的模糊参数越大。

选择模糊后的反光形状向上轻移至香皂转折处，设置图层合成模式为柔光，其他参数为 100，效果如图 2-64 所示。

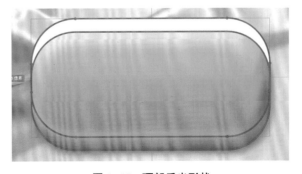

图 2-64　反光效果

（7）制作顶部反光。单击"反光 拷贝2""反光 拷贝3"图层前的眼睛图标使图层可见，将"反光 拷贝2"图层向上轻移，按住 Shift 键合并两个图层为一个图层，释放选择后重新拾取形状，执行"属性栏"→"路径操作"→"减去顶层形状"命令，得到顶部反光形状，如图 2-65 所示。

图 2-65　顶部反光形状

　　重复执行模糊步骤并向下轻移到转折处，设置图层合成模式为叠加，设置不透明度：27%，此时可见柔和的顶部反光效果很逼真，如图 2-66 所示。

图 2-66　顶部反光效果

　　（8）制作 logo 雕刻效果。在"圆角矩形 1"图层上新建图层，命名：logo 线框，参考下层尺寸绘制圆角矩形，设置圆角参数：90 px，以保证与香皂轮廓同心平行，如图 2-67 所示。

图 2-67　绘制 logo 线框

　　设置 logo 线框图层的填充：0，添加"渐变叠加"图层样式，渐变颜色为"浅灰 - 深灰"渐变色，混合模式：叠加，不透明度：50%，得到图 2-68 所示的效果。

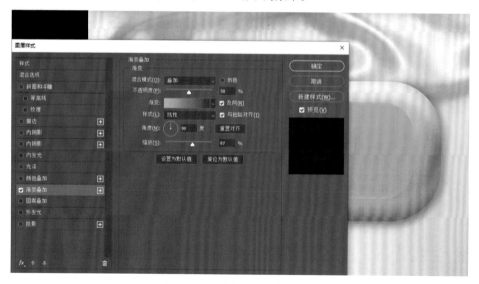

图 2-68　渐变叠加参数设置

添加"图层样式 / 内阴影"效果，设置内阴影颜色为赭石色，混合模式：叠加，不透明度：30%，距离：12，阻塞：10，大小：24，角度：122，不使用全局光，如图 2-69 所示。

图 2-69　深色内阴影设置

单击"样式"卷展栏左侧"内阴影"旁的"+"号新增"内阴影"，设置参数如图 2-70 所示。logo 雕刻线框效果如图 2-71 所示。

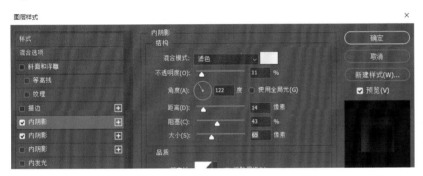

图 2-70　浅色内阴影参数设置

图 2-71　logo 雕刻线框效果

（9）文字雕刻效果。输入文字"CITQUANG"（图 2-72），字体：Book Antiqua，字号：80。为文字图层添加阴影、内阴影、内阴影效果，分别设置参数，如图 2-73～图 2-75 所示。

逼真的雕刻文字香皂效果制作完成，如图 2-76 所示。

图 2-72　logo 文字输入

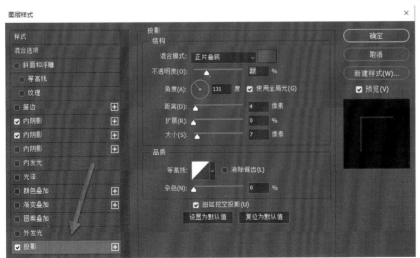

图 2-73　文字阴影设置

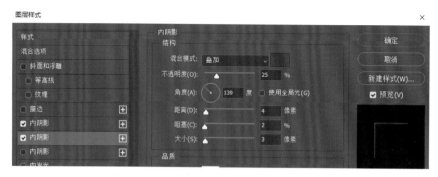

图 2-74 文字深色内阴影设置

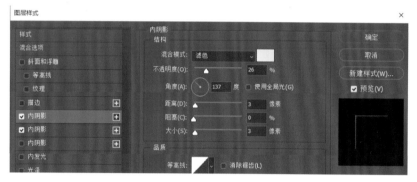

图 2-75 文字浅色内阴影设置

图 2-76 逼真的雕刻香皂

2.4.3 图层混合选项

图层样式是 Photoshop 中制作图片效果的重要手段之一，图层样式可以运用于一幅图片中除背景层以外的任意一个图层。这里主要介绍图层样式中的混合选项的设置和效果。

"图层样式"对话框左侧列出的选项中最上方就是"混合选项：默认"，如图 2-77 所示，如果修改了右侧的参数，其名称将会变成"混合选项：自定义"。右侧的参数如下。

1. 不透明度

此处"不透明度"的作用和图层面板中相同。在这里修改不透明度值，图层面板中的设置也会发生相应的变化。该选项会影响整个图层的内容。

2. 填充不透明度

"填充不透明度"只会影响图层本身的内容，不会影响图层的样式。因此，调节这个选项可以将图层调整为透明状态，同时保留图层样式的效果。如图 2-78 所示，右侧花朵的"填充不透明度"被设置为 49%，只有图层的内容受到不透明度变小的影响，而该图层的样式（投影）部分没有受到影响。和左侧花朵的"不透明度"的设置进行对照，同样是不透明度 49%，左侧的连带阴影一同被影响。

图 2-77 图层混合选项

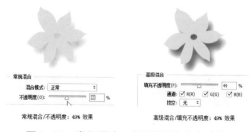

图 2-78 常规混合 /"不透明度"与高级混合 /"填充不透明度"设置的区别

3．混合颜色带

"混合颜色带"是一个比较复杂的选项组，通过调整"本图层"与"下一图层"的滑块可以让混合效果作用于图片中的某个特定区域，还可以针对每个颜色通道进行不同的设置，如果要同时对三个通道进行设置，选择"灰色"选项即可。"混合颜色带"的功能是可以用来进行高级颜色混合的调整，如图 2-79 所示。

在"本图层"中有两个滑块，比左侧滑块更暗或者比右侧滑块更亮的像素将不会显示出来。在"下一图层"中也有两个滑块，其作用和"本图层"的恰恰相反：图片上比左侧滑块更暗、比右侧滑块更亮的像素不会被混合。如果当前图层的内容和其下面的图层相同，调整这几个滑块将不会产生任何效果。利用"混合颜色带"调整图层混合效果经常会产生意想不到的惊喜。

按 Alt 键可以将每个滑块再分成两个单独的小滑块，如此混合图层会得到比较平稳的融合效果，如图 2-80 和图 2-81 所示。

图 2-79　"混合颜色带"选项组

图 2-80　原图像

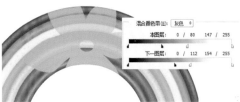

图 2-81　调整后的效果

2.5　蒙版技术

2.5.1　蒙版的概念

蒙版就是选框的外部（选框的内部就是选区）（图 2-82）。在 Photoshop 中，通常有图层蒙版、剪贴蒙版、矢量蒙版、快速蒙版等种类。

由于蒙版所蒙住的地方是用户编辑选区时不受影响的地方，即需要保留的部分，因此，在图层上需要显示出来。在图层上看蒙版的黑色（保护区域）为完全透明，白色（即选区）为不透明，灰色介于两者之间（部分选取，部分保护），如图 2-83 所示。

图 2-82　蒙版的概念

2.5.2　蒙版的应用

1．局部调整

通过蒙版遮挡，可以实现非常精细的局部调整，让画面呈现更加丰富而有层次的效果。如图 2-84 和图 2-85 所示，通过在孙悟空头部添加蒙版，将底图中的彩色像素显露出来，产生了非常好的艺术效果。

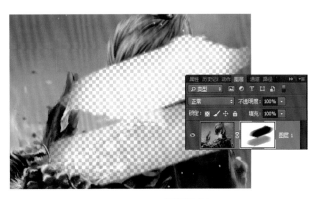

图 2-83　蒙版效果

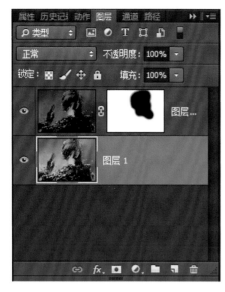

图 2-84　添加蒙版　　　　　　　　　　　　　　图 2-85　头部彩色效果

2. 移花接木

利用蒙版将新鲜的苹果和破壳的鸡蛋进行合成，形成了鸡蛋从苹果裂开的口子中流出的效果，如图 2-86 和图 2-87 所示。

图 2-86　苹果和鸡蛋素材　　　　　　　　　　　图 2-87　合成后的效果

【案例演示】

本案例主要演示利用蒙版技术将两张图片合成，营造出特殊效果。

（1）新建两个图层，将沙漠素材、彩霞素材分别置入两个图层，其中沙漠图层位于彩霞图层下，如图 2-88～图 2-90 所示。

图 2-88　沙漠　　　　　　　　图 2-89　彩霞　　　　　　　　图 2-90　图层位置

（2）单击彩霞图层前的"眼睛"按钮，隐藏该图层。

（3）选择沙漠图层，执行"选择"→"色彩范围"命令，在弹出的对话框中使用"吸管工具"吸取沙漠的颜色，拖动"颜色容差"滑块至 100，预览视窗呈现图 2-91 所示效果。

（4）单击"确定"按钮，获得图 2-92 所示选区。

（5）按 Ctrl+Shift+I 组合键（反选选区）将选区反转。

（6）单击彩霞图层前的眼睛按钮，显示该图层。单击图层底端的"添加蒙版"按钮，将选区作为彩霞图像的蒙版，如图 2-93 所示。一幅被彩霞笼罩的沙漠场景图呈现于眼前，如图 2-94 所示。

（7）在彩霞图层上方新建一个图层。选择"画笔工具"，按 Alt 键在彩霞颜色最深的部分拾取颜色作为前景色；设置该图层的混合模式为"颜色加深"，调整笔触为 175 软画笔，在彩霞图层的外围轻涂，云层呈现加深效果，如图 2-95 所示。最终效果如图 2-96 所示。

图 2-91　色彩范围选取预览视窗

图 2-92　色彩范围选区

图 2-93　添加蒙版

图 2-94　彩霞笼罩沙漠

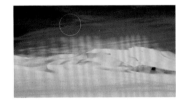

图 2-95　大笔触加深彩霞颜色

图 2-96　最终效果

2.5.3　奥运五环制作

奥林匹克五环标志是由 5 个奥林匹克环套接组成，分别为蓝色、黑色、红色、黄色、绿色 5 种颜色。这 5 个奥林匹克环从左到右互相套接，上面是蓝、黑、红环，下面是黄、绿环。下面将利用图层及图层蒙版制作奥运五环。在制作五环的时候要了解奥运五环的含义，深刻理解奥运精神。根据奥林匹克宪章，五环的含义是象征五大洲的团结以及全世界的运动员以公正、坦率的比赛和友好的精神在奥林匹克运动会上相见。

1. 从一个环开始

（1）新建宽：1 200 px，高：600 px，白色背景的图档。

（2）按 Ctrl+R 组合键打开标尺，标尺会在图档上方和左侧显现。将光标靠近水平标尺的上方，按住鼠标左键并向下方拖曳，即可见一条浅蓝色的辅助线被拖出，将水平方向的辅助线固定在画布中央；重复上述操作拖出一条垂直方向的辅助线与水平辅助线相交于画布中心，如图 2-97 所示。

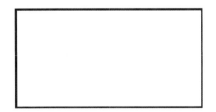

图 2-97　交于中心点的辅助线

（3）单击"图层"→"新建"按钮 ▣，选择工具栏中"椭圆选区工具" ◯，按 Shift+Alt 组合键，同时鼠标光标靠近画布中辅助线交叉点，以此点为圆心创建一个正圆选区，如图 2-98 所示。

（4）设置前景色为蓝色，保持选区并按 Alt+Delete 组合键填充前景色，如图 2-99 所示。

（5）按 Ctrl+D 组合键取消选区，继续以交叉点为圆心创建一个略小一点的正圆，按 Delete 键删除圆内蓝色，得到如图 2-100 所示效果。

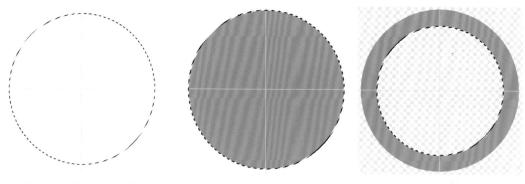

图 2-98　创建一个正圆　　　　图 2-99　填充蓝色　　　　图 2-100　圆环效果

2. 复制出 5 个环

选择"移动工具" ⊕，按 Alt 键，同时使用移动工具拖曳出其余 4 个圆环，并摆放好位置，如图 2-101 所示。

3. 五环分组变色

（1）为了操作快捷，按 Shift 键，同时在图层上选择上面 3 个环的图层，按 Ctrl+E 组合键合并图层，这样上面 3 个环合并为一个图层；对下面 2 个环进行同样的操作，图层关系如图 2-102 所示。

图 2-101　5 个蓝色环

（2）为了形成上下层鲜明的色差，将其中一组圆环变更色彩。设置"图层 2 拷贝 2"为当前图层，执行"图像"→"调整"→"色相 / 饱和度"命令，如图 2-103 所示。参数设置如图 2-104 所示。

（3）将"色相"滑块参数设置为 105，此时可见上面 3 个圆环色彩变成玫红色，如图 2-105 所示。

图 2-102　图层关系

图 2-103　调整色相

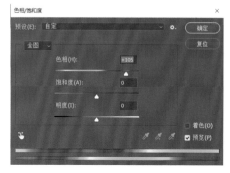

图 2-104　调整色相 - 玫红色

图 2-105　玫红色的圆环

4. 环环相扣

此时五环呈现出上面 3 个玫红色环压在 2 个蓝色环上，要实现"环环相扣"的效果，须采用蒙版技术。

（1）设置五环最上面的图层合成模式为"正片叠底"模式（图 2-106），此时，上下层相交部分产生叠加效果，可见清晰的相交形状，如图 2-107 所示。

图 2-106　图层合成模式

图 2-107　叠加后可见相交部分的形状

（2）选择工具栏"魔术棒工具" ，勾选属性栏"对所有图层取样"前的复选框，选区内包含的就是多图层的该选区内信息。

（3）按 Shift 键，同时使用魔术棒工具依次拾取圆环相交上半部分的交叉形状，如图 2-108 所示。按 Ctrl+Shift+I 组合键，执行反选命令，如图 2-109 所示。

图 2-108　选择交叉形状

图 2-109　反向选区

（4）保持上述选区，按图层面板"添加图层蒙版" ▣ 按钮，观察图档中五环已经完美地套在一起了，如图 2-110 和图 2-111 所示。

图 2-110　添加图层蒙版

图 2-111　添加图层蒙版后的效果

5. 给奥运五环正色

（1）调整奥运五环的颜色。在工具栏选择"矩形选区工具"，框选上方左侧的圆环，执行菜单"图像"→"调整"→"色相 / 饱和度"命令，在弹出的"色相 / 饱和度"面板中设置"色相"参数为 -80，其他参数保持 0，蓝色的色环即完成，如图 2-112 所示。

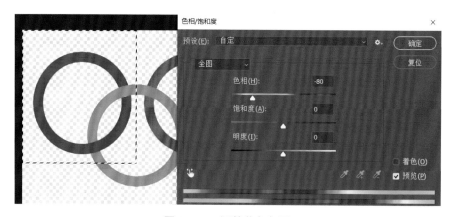

图 2-112　调整蓝色色环

（2）使用"矩形选区工具"框选上排中间圆环，执行菜单"图像"→"调整"→"色阶"命令，将"输入色阶"黑色三角滑块向右拖曳，将可见参数变更为 253，此时圆环呈现黑色，如图 2-113 所示。

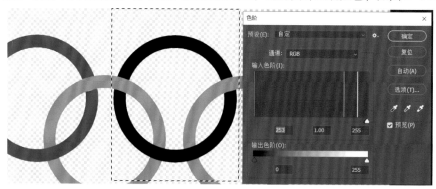

图 2-113　利用色阶调整黑色圆环

（3）依次按照五环的颜色蓝、黑、红、黄、绿调整剩余的 3 个环，将背景层关闭，最上面的图层为当前层，按 Shift+Ctrl+Alt+E 组合键压印图层，奥运五环效果如图 2-114 所示。

图 2-114　奥运五环效果

微课：奥运五环制作

2.6　通道技术

2.6.1　通道的概念

通道是什么？有一种解释说：通道是容器，是装载亮度信息的容器。亮度信息包含颜色、选区、蒙版。当亮度表示颜色时，就是"颜色通道"；当亮度表示蒙版和选区时，就是"Alpha 通道"。

2.6.2　通道类型

在 Photoshop 软件中，通道有颜色通道、Alpha 通道和专色通道三种类型，如图 2-115 所示。

图 2-115　通道类型

1. 颜色通道

一幅图片被建立或者打开，系统会自动为其创建颜色通道。在 Photoshop 中编辑图像，实际上就是在编辑颜色通道。这些通道把图像分解成一个或多个色彩成分，图像的模式决定了颜色通道的数量，RGB 模式有 R、G、B 三个颜色通道，CMYK 模式有 C、M、Y、K 四个颜色通道，灰度模式只有一个颜色通道，它们包含了所有将被打印或显示的颜色。查看单个通道的图像时，图像窗口中显示的是没有颜色的灰度图像，通过编辑灰度图像，可以更好地掌握各个通道原色的亮度变化。

2. Alpha 通道

Alpha 通道是计算机图形学中的术语，指的是特别的通道。有时它特指透明信息，但一般情况下指"非彩色通道"。Alpha 通道是为保存选择区域而专门设计的通道，在生成一个图像文件时并非一定会产生 Alpha 通道。通常它是由人们在处理图像的过程中人为生成，以读取选择区域的信息的。因此在输出制版时，Alpha 通道会因为与最终生成的图像无关而被删除。但也有时候，如在三维软件最终渲染输出图片时，会附带生成一张 Alpha 通道图，用以在平面处理软件中进行后期合成。

除 Photoshop 的文件格式 PSD 外，GIF 与 TIFF 格式的文件都可以保存 Alpha 通道。而 GIF 文件还可以用 Alpha 通道对图像进行去背景处理。因此，可以利用 GIF 文件的这一特性制作任意形状的图形。

3. 专色通道

专色通道是一种特殊的颜色通道，它可以使用除青色、品红、黄色、黑色以外的颜色来绘制图像。在印刷时，为了使作品与众不同，往往要做一些特殊处理，如增加荧光油墨或夜光油墨、套版印制无色系（如烫金）等，这些特殊颜色的油墨（被称为"专色"）无法用三原色油墨混合制成，这时就会用专色通道与专色印刷。

图像处理软件都存有完备的专色油墨列表。用户只需选择需要的专色油墨，就会生成与其相应的专色通道。但在处理图像时，专色通道与原色通道恰好相反，用黑色代表选取（喷绘油墨），用白色代表不选取（不喷绘油墨）。因为大多数专色无法在显示器上呈现效果，所以，其制作过程也带有相当大的经验成分。

2.6.3　通道面板

通道面板的形式与图层面板相似，通道面板提供了通道和选区之间的切换功能及编辑通道的相关功能。

如果 Photoshop 软件中没有显示通道面板，可以执行"窗口"→"通道面板"命令，打开通道面板。下面介绍通道面板的相关内容。

在通道面板的右下方共有 4 个工具按钮。

将通道作为选区载入 ▦：可将当前通道图像载入选区。

将选区存储为通道 ▣：可将图像中设置为选区的部分保存为一个 Alpha 通道。

创建新通道 ▢：创建新通道或复制通道。

删除当前通道 🗑：删除选定的通道或把一个通道拖到此按钮上，删除该通道。

单击通道面板右上方的扩展按钮，在弹出的菜单中为用户提供了编辑通道的相关功能命令，如图 2-116 所示。

新建通道：创建新的通道。其与通道面板中"创建新通道"按钮的功能一样。

复制通道：复制通道。其与在通道面板中将需要复制的通道拖到"创建新通道"按钮的效果一样。

删除通道：删除选定的通道。

新建专色通道：创建新的专色通道。

合并专色通道：新建专色通道后，该命令将变为可用。将专色通道与图像合并以后，删除专色通道。

| 新建通道... |
| 复制通道... |
| **删除通道** |
| 新建专色通道... |
| 合并专色通道(G) |
| 通道选项... |
| **分离通道** |
| 合并通道 |
| 面板选项... |
| 关闭 |
| 关闭选项卡组 |

图 2-116　通道面板扩展菜单

通道选项：在"通道选项"对话框中可以设置蒙版范围，更改颜色和名称，还可以将 Alpha 通道转换为专色通道。

分离通道：执行此命令可以将图像分为基本颜色通道和 Alpha 通道。

合并通道：执行此命令可以重新合并被分离的通道。

面板选项：在"面板选项"对话框中可以根据需要设置通道面板上缩览图的大小。缩览图越大，则图像处理速度越慢。

2.6.4　通道的编辑

通道的编辑主要是指在通道面板中通过调整通道的颜色、编辑 Alpha 通道、对通道进行计算，塑造图像的艺术效果。

1. 图像的颜色模式

在 Photoshop 中，编辑图像经常使用到的颜色模式有 RGB（R——红色、G——绿色、B——蓝色）颜色模式、CMYK（C——青色、M——洋红、Y——黄色、K——黑色）颜色模式、灰度模式、Lab 颜色模式四种。另外，在输出特别的颜色时还会用到索引颜色模式和双色调颜色模式等。不同颜色模式的图像包含不同的颜色通道。

（1）RGB 颜色模式。RGB 颜色模式的图像包含 Red（红）、Green（绿）、Blue（蓝）三个分量通道和一个 RGB 彩色复合通道，如图 2-117 ～图 2-121 所示。

图 2-117　RGB 颜色模式图像

图 2-118　RGB 通道面板

图 2-119　蓝色通道

图 2-120　绿色通道

图 2-121　红色通道

（2）CMYK 颜色模式。CMYK 颜色模式的图像包含 Cyan（青色）、Magenta（洋红）、Yellow（黄色）、Black（黑色）四个分量通道和一个 CMYK 彩色复合通道。CMYK 颜色模式是一种输出打印的颜色模式。执行"图像"→"模式"→"CMYK 模式"命令，可将图像的颜色模式转换为 CMYK 模式，如图 2-122 和图 2-123 所示。

图 2-122　CMYK
颜色模式图像

图 2-123　CMYK
通道面板

（3）灰度模式。灰度模式图像和黑白位图模式图像只包含一个通道，如图 2-124 和图 2-125 所示。

（4）Lab 颜色模式。Lab 颜色模式图像包含一个复合通道、一个亮度通道、一个 a 通道和一个 b 通道（a 通道反映绿色和品红色，b 通道反映黄色和绿色），如图 2-126 和图 2-127 所示。

图 2-124　灰度
模式图像

图 2-125　灰度通道面板

图 2-126　Lab 颜色
模式图像

图 2-127　Lab 颜色通道面板

2. 调整图像

在通道中可以利用调整命令对单个颜色通道进行细微调整，以使图像的色彩发生变化。下面案例演示中的郊外原图照片画面天空偏灰、远景色彩有些陈旧，将通过对颜色通道的调整使整幅照片更显生机勃勃。

【案例演示】

（1）打开图像。打开"郊外.jpg"照片文件（图 2-128），画面中天空略显灰浊，整个画面不够明朗，将通过"调整图像"使画面重现生机，充满活力。

按 Ctrl+J 组合键 1 次复制图层，将复制后的图层置为当前图层，对这个图层进行色彩调整。单击"通道"面板标签，该图为 RGB 模式，在通道面板中可见 RGB 总通道、R 通道、G 通道、B 通道，其中 R、G、B 三个通道呈现灰色，分别承载红、绿、蓝三原色信息，RGB 总通道呈现全彩信息，如图 2-129 所示。

（2）调整通道控制色彩。为了展示原色通道对图像色彩的影响，本例将直接在原色通道上操作色彩调整效果，通常情况不建议采用这种有损原图的操作。

郊外原图色彩不够鲜明，经过分析将增强绿、蓝通道的彩度和对比度。

图 2-128　郊外原图

图 2-129　RGB 通道面板

单击"通道"面板"绿"通道，执行"图像"→"调整"→"曲线"命令，将"绿"通道曲线向上方微微调整，效果如图 2-130 所示，返回图层观察复制图层与原图色彩效果，发现复制图层绿色更为亮丽。

图 2-130　增强绿通道彩度

返回通道面板，单击"蓝"通道，执行"图像"→"调整"→"曲线"命令，将"蓝"通道曲线向上方微微调整，效果如图 2-131 所示。

图 2-131　增强蓝通道彩度

保持"蓝"通道选择状态，执行"图像"→"调整"→"色阶"命令，将"输入色阶"左侧黑色滑块参数由 0 调整为 29，如图 2-132 所示。

图 2-132　蓝通道色阶调整

单击"确定"按钮退出色阶编辑，单击 RGB 总通道返回图层，对比复制图层与原图色彩效果，可见复制图层的图像色彩鲜明艳丽，对比适中，摆脱了原图的灰暗效果。调整通道色调后的效果如图 2-133 所示，原图 2-128 相比色彩更加明亮。

图 2-133　调整通道色调后的效果

　　注意：每个图像都有一个或多个颜色通道，图像中默认的颜色通道数取决于其颜色模式，即一个图像的颜色模式将决定其颜色通道的数量。例如，CMYK 图像默认有四个通道，分别为青色、洋红、黄色、黑色。在默认情况下，位图模式、灰度、双色调和索引颜色图像只有一个通道。RGB 和 Lab 图像有三个通道，CMYK 图像有四个通道。

3. Alpha 通道的应用

Alpha 通道和颜色通道一样，相当于一个 8 位的灰度图像。它可支持不同的透明度，相当于蒙版的功能，使某个区域以外的部分不受任何着色工具及编辑命令的影响。

【案例演示】

利用 Alpha 通道编辑波点文字图像效果。

（1）打开一张 PSD 格式的素材图片，如图 2-134 所示。

（2）打开该图像的通道面板，创建 Alpha 1 通道，如图 2-135 所示，执行"图像"→"调整"→"反相"命令，Alpha 1 通道由黑色变为白色，如图 2-136 所示。

（3）在 Alpha 通道上用"横排文字蒙版工具"输入文字，在选择区域内填充黑色，取消选区（快捷键 Ctrl+D）并调整位置，如图 2-137 和图 2-138 所示。

图 2-134　打开素材图片

图 2-135　新建 Alpha 通道

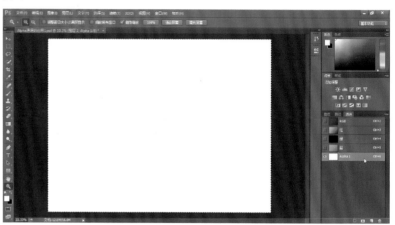

图 2-136　反相后呈现白色

图 2-137　输入文字

图 2-138　选择区域内填充黑色

（4）执行"滤镜"→"像素化"→"彩色半调"命令，如图 2-139 所示。分别设置相应的参数值，如图 2-140 所示，效果如图 2-141 所示。

图 2-139　"彩色半调"命令

图 2-140　"彩色半调"对话框

图 2-141　彩色半调的效果

（5）单击 RGB 复合通道，再单击图层面板，新建图层 3，执行"选择"→"载入选区"命令，如图 2-142 所示。在"载入选区"对话框中设置通道为 Alpha 1，载入 Alpha 通道，如图 2-143 所示。将 Alpha 通道的选择区域调出，进行反选（快捷键 Ctrl+I）并填充白色，效果如图 2-144 所示。

（6）取消选区（快捷键 Ctrl+D），执行"自由变换"命令（快捷键 Ctrl+T），配合按 Ctrl+Shift+Alt 组合键，同时拖动右侧控制框锚点为文字做透视效果，调整角度达到满意状态，效果如图 2-145 所示。

图 2-142 "载入选区"命令

图 2-143 "载入选区"对话框

图 2-144 载入选区效果

图 2-145 透视效果

（7）选择图层 3，单击图层面板下方的"添加图层样式"按钮，为图层添加内发光和外发光效果，内发光和外发光的参数分别如图 2-146 和图 2-147 所示，最终效果如图 2-148 所示。

图 2-146 内发光参数

图 2-147 外发光参数

图 2-148 最终效果

2.7 实践案例——神奇的换装

2.7.1 制作置换用图档

打开素材文件夹"模特 .jpg"和"格子呢 .jpg"文件（图 2-149 和图 2-150），男模特身着白色西装，本例将为男模特换上灰色格子呢西装。

图 2-149 模特素材

图 2-150 格子呢

1. 保存一个灰阶图档

选择"模特.jpg"文件，执行"图像"→"复制"命令，弹出"复制图像"对话框，保持默认的复制名称即可，新图像名称为"模特 拷贝 .jpg"文件（图 2-151）。

图 2-151 复制图像

2. 转换色彩模式

选择"模特 拷贝 .jpg"文件，执行"图像"→"模式"→"灰度"命令（图 2-152），弹出"扔掉颜色信息"对话框，单击"扔掉"按钮后，"模特 拷贝 .jpg"图像变成灰度效果（图 2-153）。

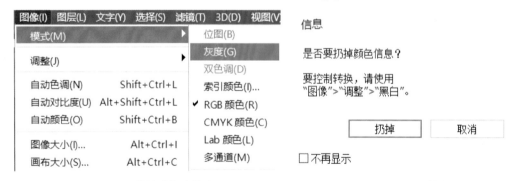

图 2-152 转换成灰度模式   图 2-153 扔掉颜色信息

3. 调整服装的黑白灰效果

执行"图像"→"调整"→"色阶"命令，分别调整黑、白、灰滑块参数，如图 2-154 所示，观察模特白色西装的黑白灰关系，保持较为明朗的过渡关系即可。

将调整好的文件保存为"模特 拷贝 .psd"格式（因为"置换"命令只认 psd 格式）。

图 2-154　调整色阶

2.7.2　分解西服选区

选择"模特 .jpg"图档，按 Ctrl+J 组合键复制图层，使用"快速选择工具" [图标] 在白色西装身体部分拾取，注意西装领部分可通过改变快速选择工具尺寸进行细微选择，以保证精度，如图 2-155 所示。

保持选区状态，单击通道面板的"新建通道" [图标] 按钮，在 Alpha1 通道中填充白色，衣身部分就保存在 Alpha 1 中，如图 2-156 所示。

用同样的方法制作出左臂、右臂、左衣领、右衣领选区，分别保存为 Alpha 2、Alpha 3、Alpha 4、Alpha 5 通道，如图 2-157 所示。

图 2-155　做西装身体部分选取　　图 2-156　将选区保存为 Alpha 1 通道　　图 2-157　在通道中保存西装分解选区

2.7.3　换装格呢布

打开"格子呢 .jpg"件，按 Ctrl+A 组合键进行全选，按 Ctrl+C 组合键复制"格子呢"，切换到模特图档，按 Ctrl+V 组合键进行粘贴，此时"格子呢"在模特图当中作为一个单独层贴入。

将"格子呢"图层合成模式设置为"正片叠底"模式，即可透过布纹看到下层影像，调整格子布的角度使其符合西装裁剪规律，如图 2-158 所示。

图 2-158   设置格子布角度和合成模式

按 Ctrl+J 组合键 4 次复制布料 4 层，将上边的 4 层格子布关闭，保留图层 1，执行"滤镜"→
"扭曲"→"置换"命令，保持"置换"面板水平比例：10，垂直比例：10，伸展以适合，重复边缘像素，
确定后，选择之前保存的灰度 psd 格式图像，如图 2-159 和图 2-160 所示。

图 2-159   置换参数设置

图 2-160   选择灰度 psd 格式图像置换变形

单击"通道"面板，按 Ctrl 键同时在 Alpha 1 通道缩略窗口上拾取一下，Alpha1 被作为选区映
射在图层中，如图 2-161 所示。

按 Ctrl+Shift+I 组合键反选选区，按 Delete 键删除格呢布衣身以外的部分，如图 2-162 所示。

图 2-161   拾取 Alpha 1 选区

图 2-162   删除衣身以外区域

　　将之前复制的格呢布打开，设置图层合成"正片叠底"模式，旋转格呢布角度效果如图 2-163 所示。

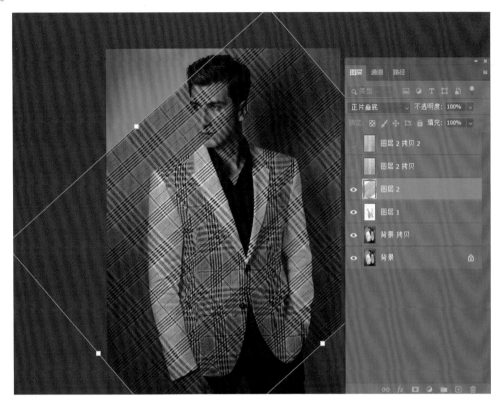

图 2-163　设置衣袖布料的角度

　　按 Alt+Ctrl+F 组合键重做滤镜，再次选择之前保存的灰度 psd 格式图像执行扭曲，删除多余布料保留右臂，如图 2-164 所示。

　　运用同样的方法逐一完成左臂、左右衣领布料的处理，如图 2-165 所示。

图 2-164　右臂布料处理　　　　　图 2-165　左臂、左右衣领布料的处理

　　配合按 Shift 键将所有布料图层合并，设置合并后的图层合成模式为"正片叠底"模式，不透明度：50%，如图 2-166 和图 2-167 所示。格子呢料西装换装完成，如图 2-168 所示。

图 2-166　合并所有布料图层　　图 2-167　合并图层设置"正片叠底"模式　　图 2-168　格子呢西装

本章小结

　　本章重点介绍了图层与通道的相关内容、概念及使用方法。通过学习，学生可以使用 Photoshop 软件中的图层、通道、蒙版等功能进行各式各样的设计。

课后习题

一、选择题

1. Alpha 通道最主要的用途是（　　）。

    A. 保存图像色彩信息　　　　　　　　B. 创建新通道

    C. 存储和建立选择范围　　　　　　　D. 为路径提供的通道

2. 若要进入快速蒙版状态，应该（　　）。

    A. 建立一个选区　　　　　　　　　　B. 单击工具箱中的"快速蒙版"图标

    C. 选择一个 Alpha 通道　　　　　　　D. 在"编辑"菜单中单击"快速蒙版"

二、简答题

1. 新建一个图层有哪些方法？

2. RGB 颜色模式与 CMYK 颜色模式有什么区别？

3. 简述剪贴蒙版与普通的图层蒙版的区别。

拓展模块——拆盲盒

拓展案例

第3章 图像的色彩

1. 了解色彩的基本理论知识，掌握色彩的基本属性及色彩调整对数字影像的影响。

2. 掌握不同方式的色彩调整方法，学会用数字语言改变图像色彩。

3. 能合理地利用色彩平衡技术弥补摄影作品表现上的不足。

4. 培养学生在色彩知识运用与审美的双重功能中，感受色彩的价值，进一步提高创作美好作品的愿望，增强艺术修养。

知 识 点

1. 色彩的基本属性。

2. 色彩的调整方式。

3. 色彩平衡技术。

3.1 色彩的基本属性

3.1.1 色彩的概念

　　色彩是光作用于人眼引起的除形象以外的视觉特征，是光线经有色物体反射刺激人的眼睛，在人的大脑中产生的一种反应。没有光人们就看不到色彩，所以光是呈现色彩的必要条件。

　　设计中常用的色彩模式有 RGB 色彩模式、CMYK 色彩模式、Lab 色彩模式、灰度模式等，其中以 RGB 色彩模式和 CMYK 色彩模式最具代表性。RGB 色彩模式是最基础的色彩模式，是色光叠加模式。计算机、电视屏幕上显示的图像，均是以 RGB 色光呈现的，这是因为显示器的物理结构就是遵循 RGB 色彩模式构建的。CMYK 色彩模式又称作印刷色彩模式，是色料色彩模式。它和 RGB 色彩模式的不同之处在于，它必须依赖光线存在。在黑暗的房间里人们可以看见显示屏幕中的内容，却无法辨别纸介质、物体等的固有色彩，这是因为只有光线投射到物体上，再反射到人们的眼中，人们才能看到内容。没有外界光源的作用，物体颜色是无法被人们感受到的。

3.1.2　色彩的基本属性

1. 色彩三要素

色彩三要素指色彩的三个属性：色相、亮度和饱和度。

（1）色相。色相即色彩相貌，指的是色彩呈现出来的质地面貌，如红色、黄色、绿色和蓝色，如图 3-1 所示。

（2）亮度。亮度是指色彩的明暗程度，如图 3-2 所示。色彩的亮度指的是相对明暗的程度，是接收到光的物理表面的反射程度。亮度越高，色彩越明亮。通常用以 0%（黑色）～ 100%（白色）的百分比来度量。

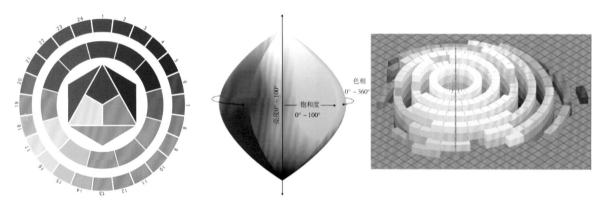

图 3-1　色相环　　　　　　　　　　图 3-2　孟塞尔色立体图

（3）饱和度。饱和度是指色彩的纯净程度，又称为彩度，也是指颜色中含黑、灰色的程度。它是以色彩同具有同一亮度的中性灰度的区别程度来衡量的。饱和度越低，色彩越灰暗，当饱和度是 0 时，色彩变成灰色。

2. 色彩的混合

不同的色彩可以混合生成新的色彩，分为色光混合、色料混合和中性混合。

（1）色光混合。色光可以分解，也可以混合。不同色彩的光混合投射在一起，生成新的色光，称为色光混合，其属于加色混合模式。三原色光（红色、绿色、蓝色）是计算机显示器及其他数字设备显示颜色的基础，三种颜色叠加后能生成千万种色彩。例如，R+G=Y（红光＋绿光＝黄光）、B+R=C（蓝光＋红光＝青光）、G+B=M（绿光＋蓝光＝品红光）、R+G+B=W（红光＋绿光＋蓝光＝白光），一对补色光相叠加生成白光，如图 3-3 所示。

（2）色料混合。色料混合是把不同颜色的色料混合在一起，生成新的颜色，所以也称为减色混合模式。C（Cyan，青）、M（Magenta，品红）、Y（Yellow，黄）是常用的颜料三原色，是打印机等硬拷贝设备使用的标准色彩，分别是 R、G、B 三基色的补色。M+C=B（品红色＋青色＝蓝色）、W-R-G=B（白光－红光－绿光＝蓝光）、M+Y=R（品红色＋黄色＝红色）、W-G-B=R（白光－绿光－蓝光＝红光）、C+Y=G（青色＋黄色＝绿色）、W-R-B=G（白光－红光－蓝光＝绿色），如图 3-4 所示。

（3）中性混合。色光的加色混合和颜色的减色混合，都是在色彩未进入视觉之前就已经混合好的，是一种物理的混色。在生活中还存在另一种情况，就是颜色在进入视觉之前没有混合，而是在一定位置、

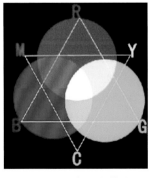
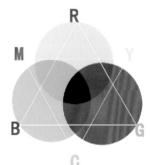

图 3-3　加色混合模式　　　图 3-4　减色混合模式

大小和视距等条件下，通过人眼的作用在人的视觉里发生"混合"，这种发生在视觉内的色彩混合现象属于生理混色。由于视觉混合的效果在人的知觉中没有发生颜色变亮或变暗的感觉，它所得的亮度感觉为相混合各色的平均值，因此被称为中性混合。

中性混合有两种方式：

①色彩的旋转混合。当红、绿两种颜色分别放入一个圆形的两个半圆里，以高于 20 圈 / 秒的速度旋转，人们会看到由红、绿两个半圆混成的橙红色圆，如图 3-5 所示。此时人们看到的橙色即红、绿两种颜色旋转混合的结果。

②色彩的空间混合。当人的眼睛与密集的色点处于一个恰当的距离时，色彩会在人眼中产生空间混合。人们熟知的点彩派绘画就是利用空间混合的原理来处理耀眼的光感；四色印刷也是依据 C、M、Y、K 四色的空间排列原理，用微小的色点通过不同角度的网屏，混合成印刷品呈现出的色彩。

同样的原理也应用在计算机、电视显示屏上，色彩由红、绿、蓝三原色的微小色点通过空间排列混合而成。

图 3-5　红、绿色旋转混合生成橙红色

3.1.3　色彩模式

常用的图形图像处理软件通常都使用 HSB、RGB、Lab 及 CMYK 这几种色彩模式，这些色彩模式被用来反映不同的色彩范围，其中一些模式可以通过对应的命令相互转换。

1. HSB 色彩模式

基于人类对色彩的感觉，HSB 色彩模式描述了颜色的三个基本特征：

（1）H——色相。在 0°～ 360° 的标准色轮上，色相是按位置度量的。通常在使用中，色相是由颜色名称标识的，比如红色、橙色或绿色。

（2）S——饱和度。饱和度是指颜色的强度或纯度，表示色相中彩色成分所占的比例，用 0%（灰色）～ 100%（完全饱和）的百分比来度量。在标准色轮上，从中心向边缘饱和度是递增的。

（3）B——亮度。亮度是颜色的相对明暗程度，通常用 0%（黑）～ 100%（白）的百分比来度量。

2. RGB 色彩模式

人眼光谱灵敏度实验曲线证明，可见光在波长为 630 nm（红色）、530 nm（绿色）和 450 nm（蓝色）时的刺激达到高峰。通过光源中的强度比较，人们可感受到光的颜色。RGB 色彩模式为加色模式，用于光照、视频和显示器。例如，显示器通过红、绿、蓝荧光粉发射光线产生彩色。

3. Lab 色彩模式

Lab 色彩模式的颜色是不依赖设备的。无论使用哪一类型的设备（如显示器、打印机、扫描仪）创建或输出图像，Lab 色彩模式产生的颜色都保持一致。Lab 颜色由心理明度分量 (L) 和两个色度分量 [a 分量（从绿到红）和 b 分量（从蓝到黄）] 组成。

4. CMYK 色彩模式

CMYK 色彩模式以打印油墨的特性为基础，当白光照射到半透明的油墨上时，部分光谱被吸收，部分被反射回眼睛。C（青色）、M（品红色）和 Y（黄色）能够合成吸收所有颜色并产生黑色，因此，CMYK 色彩模式也被称作减色模式。由于印刷油墨都会包含一些杂质，这三种颜色的油墨实际上会产生一种土灰色，必须与黑色（K）油墨混合才能产生真正的黑色。

5. 索引色彩模式

索引色彩模式最多可使用 256 种颜色，当图像转换为索引色彩模式时，通常会构建一个调色板存放并索引图像中的颜色。如果原图像中的一种颜色没有出现在调色板中，系统会选取已有颜色中与之最相近的颜色替换或使用已有颜色模拟该种颜色。在索引色彩模式下，通过限制调色板中颜色的数目可以减小文件，同时保持视觉上的品质不变。在网页中常常需要使用索引色彩模式的图像。

6. 位图模式

位图模式的图像只有黑色与白色两种像素，每个像素用"位"来表示。"位"只有两种状态：0表示有点，1表示无点。位图模式主要用于早期不能识别颜色和灰度的设备。如果需要表示灰度，则需要通过点的抖动来模拟。位图模式通常用于文字识别，如果扫描需要使用 OCR（光学文字识别）技术识别的图像文件，须将图像转化为位图模式。

7. 灰度模式

灰度模式最多可使用 256 级灰度来表现图像，图像中的每个像素都有一个 0（黑色）～ 255（白色）的亮度值。灰度值也可以用黑色油墨覆盖的百分比来表示（0% 表示白色，100% 表示黑色）。

在将彩色图像转换为灰度模式的图像时，会扔掉原图像中所有的色彩信息。与位图色彩模式相比，灰度模式能够更好地表现高品质的图像效果。

注意： 尽管一些图像处理软件允许将灰度模式的图像重新转换为彩色模式，但是已经丢失的颜色信息是无法恢复的，只能通过为图像上色的方法使图像呈现彩色效果。因此，将彩色模式的图像转换为灰度模式的图像前一定要做好备份。

8. 多通道模式

在 Photoshop 软件中将图像转换为多通道模式后，系统将根据原图像产生相同数目的新通道，但该模式下的每个通道都为 256 级灰度通道（其组合仍为彩色），这种显示模式通常用于处理特殊打印。用户删除了 RGB、CMYK、Lab 色彩模式中的某个通道，该图像会自动转换为多通道模式。

微课：色彩模式

3.2　图像的色彩调整

3.2.1　图像的直方图

直方图是用图形表示图像的每个亮度色阶处的像素数目，可以显示图像是否包含足够的细节以便进行较好的校正，也提供图像色调范围的快速浏览图，或图像的基本色调类型。暗色调图像的细节都集中在暗调处（在直方图的左侧部分显示），亮色调图像的细节集中在高光处（在直方图右侧部分显示），中间色调则在直方图的中间部分显示，如图 3-6 所示。

3.2.2　色阶的调整

当图像偏亮或偏暗时，可通过调

图 3-6　图像的直方图

整色阶使图像的色彩得到修正。对于暗色调图像，可将高光设置为一个较低的值，以避免太大的对比度。其中的输入色阶可以用来增加图像的对比度，在"色阶"对话框中，将"输入色阶"左边的滑块向右拖动，可增大图像中的暗调的对比度，使图像变暗；将右边的滑块向左拖动，可增大图像中高光的对比度，使图像变亮；拖动中间的滑块，可调整中间色调的对比度，改变图像中间色调的亮度值，并不会对暗部和亮部有太大的影响。调整"输出色阶"可降低图像的对比度，其中左侧的黑色滑块用来降低图像中暗部的对比度；右侧的白色滑块用来降低图像中亮部的对比度。

　　图 3-7 显示的色彩偏暗，通过调整色阶中的参数，图像获得了非常自然的提亮效果，如图 3-8 所示。如果希望增强图像的对比度，可以将"输入色阶"左侧的滑块拖动到 20，这样原来亮度值为 20 的像素都变为 0，且比 20 高的像素点也相应地减少了像素值，此时图像变暗，且暗部的对比度增加。如果希望降低图像的对比度，那么调节"输入色阶"右侧的滑块，使其数值增大，原来亮度值至当前数值的像素点都变成当前亮度值，低于原始参数的像素点也相应增加，因此，就能获得提亮的图像，如图 3-9 和图 3-10 所示。

图 3-7　原图像

图 3-8　调整色阶后的图像

　　"色阶"对话框的右下方有黑、灰、白三个吸管，分别代表黑场、灰场、白场。选择黑吸管在图像中单击，拾取范围内的所有像素的亮度值将减去吸管单击处像素的亮度值，比此处亮度值暗的颜色都将变为黑色，整体图像变暗；选择白吸管则反之，图像中所有像素的亮度值将加上吸管单击处像素的亮度值，比此处亮度值暗的颜色都将变为白色，整体图像变亮。同时，用户也可以使用灰吸管拾取图像上某一位置颜色的亮度来调整整幅图像的亮

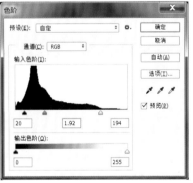

图 3-9　调整色阶滑块使对比度增强

图 3-10　对比度增强后的图像

度和色调。当对所做调整不满意时，按 Alt 键，"色阶"对话框中的"取消"按钮就变成"复位"按钮，单击"复位"按钮，图像就会被还原到初始状态。

3.2.3　曲线调节

　　曲线调节可以综合调整图像的亮度、对比度、色彩等。此调节命令实际上是"色调分离""亮度 / 对比度"等多个命令的综合。与色阶调整一样，曲线调节允许调整图像的色调范围，但它不是只

使用三个变量（高光、暗调和中间调）进行调整，用户可以调整 0 ～ 255 范围内（灰阶曲线）的任意点，同时又可保持 15 个其他值不变，因为曲线上最多只能有 16 个调节点。通过调整曲线的形状，即可调整图像的亮度、对比度、色彩等，其横坐标代表原始图像的色调，纵坐标代表图像调整后的色调，对角线用来显示当前的输入和输出数值之间的关系，在没有进行调整时，所有的像素都有相同的输入和输出数值。

一般情况下，打开"曲线"对话框，系统默认的是 RGB 色彩模式。曲线调节面板最左侧代表图像的暗部，像素值为 0（黑色）；最右侧代表图像的亮部，像素值为 255（白）；面板中的每个方块大约代表 64 个像素值，如图 3-11 所示。

当图像切换成 CMYK 模式时，曲线调节面板最左侧代表亮部，数值为 0%；最右侧代表暗部，数值为 100%；面板中的每个方格代表 25%，输入和输出的数值皆以百分比表示。输入、输出的值的范围都为 0 ～ 255。调整曲线时，首先单击曲线增加一锚点，然后拖动该锚点便可调整曲线形状。当曲线向左上弯曲时，图像色调变亮；当曲线向右下弯曲时，图像色调变暗，如图 3-12 所示。

在曲线上的任意位置单击，即可增加一个锚点，当"预览"复选框被选中时，拖动锚点，可以实时看到图像发生的变化。

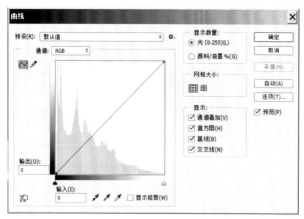

图 3-11　RGB 色彩模式的曲线调节

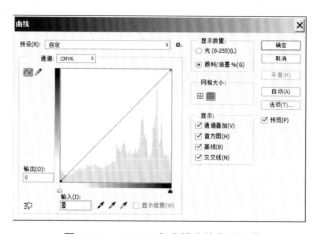

图 3-12　CMYK 色彩模式的曲线调节

微课：色彩调整

对于较灰暗的图像，最常见到的调整曲线是 S 形的，如图 3-13 和图 3-14 所示，这种曲线可增加图像的对比度，同时还可选择单独的颜色通道，将光标放在图像中要调色的区域，按下鼠标左键拖动，就可以在"曲线"对话框中看到用圆圈表示的调色区域在曲线上的位置。如果所要调整的位置显示在曲线的中部，那么可单击曲线的 1/4 和 3/4 处将其固定，如此修改该位置的曲线时对图像的亮部和暗部就不会产生太大影响。

曲线调整和色阶调整一样，可设置黑场、白场、灰场，且用法与之相同。

图 3-13　原图像

图 3-14　调整曲线后的图像

3.3　图像的色彩平衡

　　图像中每个色彩的调整都会影响图像整体颜色的平衡，了解 RGB 和 CMYK 颜色之间的转换方式对设计非常重要。

3.3.1　调整色彩平衡

1. 自然饱和度

　　自然饱和度是图像整体的明亮程度，饱和度是图像颜色的鲜艳程度。"饱和度"与"色相／饱和度"命令中的"饱和度"选项效果相同，可以增加整个画面的饱和度，如图 3-15 所示。但如调节到较高数值，图像会产生色彩过度饱和的现象，从而引起图像失真。

图 3-15　"自然饱和度"对话框

　　"自然饱和度"调整则不会出现这种情况。它在调节图像饱和度的时候对已经饱和的像素实施保护，只做微小的调整，而对不饱和的像素会大幅度增加其饱和度，使其达到较好的饱和效果，特别是对皮肤的肤色有很好的保护作用，这样不但能够增加图像某一部分的色彩，而且还能使整幅图像的饱和度正常自然。

　　如图 3-16 所示，以同样的数值来调整一张人像照片，即将"自然饱和度"和"饱和度"的数值都调整为 50，结果显示"自然饱和度"调整后的肤色正常，影像真实自然，而由"色相／饱和度"调整后的图片中，人物的皮肤饱和度显示非常不自然。

(a)　　　　　　　　　　　　(b)　　　　　　　　　　　　(c)

图 3-16　调整图像饱和度

(a) 原图；(b) "自然饱和度"调整后；(c) "色相／饱和度"调整后

2. 色彩平衡

　　"色彩平衡"命令可以调节彩色图像中颜色的混合，它提供的是一般化的色彩校正，若想更加精确地控制单个颜色还是使用"色阶""曲线"或专门的色彩校正工具更为合适。"色彩平衡"对话框中左侧的颜色和右侧的颜色互为补色，拖动滑块可以将图像的颜色调整为需要的颜色。"色彩平衡"选项组中的三个单选按钮为"阴影""中间调"和"高光"，分别是以图像的暗区、中性区、亮区为调整对象，选中任一单选按钮，将调整图像中相应区域的颜色，如图 3-17 所示。

图 3-17　"色彩平衡"对话框

3. 色相／饱和度

"色相／饱和度"命令可以调整图像中单个颜色的色相、饱和度、亮度。它的三个调整标尺分别为调整色相、调整饱和度和调整亮度。调整色相，也就是调整颜色的变化，调整时以调整框中的数值加上图像中的数值得到最终色，当数值为最大或最小时，颜色将是原来颜色的补色；调整饱和度，就是调整颜色的鲜艳度，通俗来说就是颜色在图像中所占数量的多少，值越大，颜色就越鲜艳，反之图像就趋向灰度化；调整亮度，就是调整图像的明暗度，值越大，图像就越亮，当值为最大时，图像将是白色的，反之就是黑色的。

当选中"着色"复选框后，图像的原有色相全部去除，而以重新调整的色彩着色。

色相／饱和度的调整方式，可供选择的有"全图""红色""黄色""绿色""青色""蓝色""洋红"几种。"全图"是针对整个图像调整，而其他的单色是调整图像中的单色像素。当选择了单色后，对话框下方的三个吸管和两个颜色条处于可用状态。三个吸管的作用：第一个吸管，在图像中单击吸取一定的颜色范围；第二个吸管，单击图像可在原有颜色范围上增加一个颜色范围；第三个吸管，单击图像可在原有颜色范围上减去一个颜色范围（图3-18）。

图3-18 "色相／饱和度"对话框

4. 替换颜色

"替换颜色"对话框中预览图的下方有两个单选按钮——"选区"和"图像"：当选中"选区"单选按钮时，在想要替换颜色的区域单击，选中的区域变为白色，其余为黑色，上方的"颜色容差"值可调整选中区域的大小，值越大，选中的区域越大；当选中"图像"单选按钮时，预览框中将显示整幅图像的缩略图。对话框上方的三个吸管和"色相／饱和度"命令的作用相同，用法也相同，当按Shift+Alt组合键时增加或减少颜色取样点。对话框下方的调整框和"色相／饱和度"的作用也是一样的，如图3-19所示。

图3-19 替换颜色效果

5. 可选颜色

"可选颜色"命令可对RGB、CMYK等模式的图像进行分通道调整，在它的对话框中"颜色"下拉列表框中，选择要修改的颜色，然后拖动下方的三角滑块可改变颜色的组成。在下方的"方法"选项组中有两个单选按钮："相对"和"绝对"。"相对"单选按钮用于调整现有的CMYK值，假如图中现有50%的黄色，增加10%，那么实际增加了5%的黄色，也就是增加后为55%的黄色，即

用现有的颜色量 × 增加的百分比，得到实际增加的颜色量；"绝对"单选按钮用于调整颜色的绝对值，假设图中现有 50% 的黄色，增加 10%，那么实际增加的黄色就是 10%，也就是增加后为 60% 的黄色（图 3-20 和图 3-21）。

图 3-20　原图　　　　　　　　　　图 3-21　调整黄色后的效果

6.　通道混合器

"通道混合器"命令是对图像的每个通道进行分别调色，在对话框的"输出通道"下拉列表框中选择要调整的通道，对每个通道进行调整，并在预览图中看到最终效果。其中的"常数"选项用来增加该通道的补色。若选中"单色"复选框，就应把图像转为灰度的图像，然后进行调整，这种方法用于处理黑白艺术照片，可以得到高亮度的黑白效果，比直接去色得到的黑白效果要好得多，如图 3-22 所示。

7.　渐变映射

"渐变映射"命令用来将相等的图像灰度范围映射到指定的渐变填充色上。如果指定双色渐变填充，图像中的暗调映射到渐变填充的一个端点颜色，高光映射到另一个端点颜色，中间调映射到两个端点间的颜色。也就是说，它会自动将渐变色中的高光色映射到图像的高光部分，将渐变色中的暗调色映射到图像的暗调部分。单击此对话框中渐变色条后面的下拉三角按钮，可以改变渐变的颜色，其和"渐变工具"中的用法是一样的。下方有两个复选框，"仿色"复选框可以使色彩的过渡更加平滑，"反向"复选框可以使现有的渐变色逆转方向。设定完成后，渐变会依照图像的灰阶自动套用到图像上，形成渐变效果，如图 3-23 所示。

图 3-22　图的右侧是经过调整后的黑白效果　　　　图 3-23　为图像添加渐变映射的效果

3.3.2　特殊的色彩和色调调整命令

1.　反相

"反相"命令是用来生成原图的负片的，当使用"反相"命令后，白色变为黑色，黑色变为白色，也就是原来的像素值由 255 变成了 0，由 0 变成了 255。彩色图像中的像素点也取其对应值（255 − 原像素值 = 新像素值）。

2. 色调均化

　　"色调均化"命令可以重新分配图像中各像素的值，执行该命令后，Photoshop 会寻找图像中最亮和最暗的像素值，平均亮度值，使图像中最亮的像素代表白色，最暗的像素代表黑色，中间各像素值按灰度重新分配（若此图像比较暗，那么此命令将会使图像变得更暗，黑色的像素增多；反之就会变得更亮），如图 3-24 所示。

图 3-24　右图为执行"色调均化"后的效果

3. 阈值

　　"阈值"命令可将彩色或灰阶的图像变成高对比度的黑白图。在该命令的对话框中，可通过拖动三角滑块来改变阈值，也可直接在阈值色阶后面的文本框中输入准确数值。当设定阈值时，所有像素值高于此阈值的像素点将变为白色，所有像素值低于此阈值的像素点将变为黑色，可以产生类似位图的效果。

4. 色调分离

　　"色调分离"命令可定义色阶的多少。在灰阶图像中，可用此命令来减少灰阶数量，同时还能形成一些特殊的效果，如图 3-25 所示。在"色调分离"对话框中，可直接输入数值来定义色调分离的级数。在灰阶图中，通过改变色调分离的级数可以改变图像的灰阶过渡，其参数范围为 2 ～ 255，但当参数为 2 时，其效果与位图模式的效果相同，它的黑白过渡的级数是 2，也就是 2 的 1 次方，只有黑白过渡，因为色彩范围是 0 ～ 255，所以灰阶的过渡级数是不能超过 255 的，当为 255 时，也就是 2 的 8 次方，产生一幅 8 位通道的灰阶图，这和将图像转为灰度或去色后产生的颜色效果是一致的。

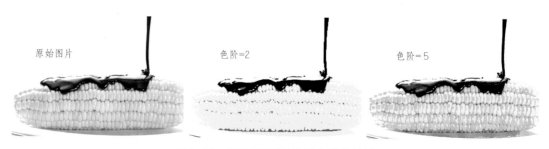

图 3-25　色调分离不同色阶参数的效果

5. 去色

　　"去色"命令可以让图像中所有颜色的饱和度为 0，转化后的效果如同灰阶图像的效果，但其彩色模式仍会保留。例如，将 RGB 色彩模式的图像去色后，图像仍是 RGB 色彩模式，但以灰阶图的效果呈现。

3.4　实践案例——火焰文字效果制作

火焰文字是利用转换图像的色彩模式制作完成的，其中图像色彩模式的转换次序、方式对最终效果的形成起决定性作用。

3.4.1　新建文档并添加文字

（1）新建 800 像素 ×400 像素文档，设置为灰度模式，颜色为黑色，分辨率为 72 像素 / 英寸。

（2）选择工具栏中的"文字蒙版工具" ，设置前景色为白色，在新建的黑色背景层中输入文字"烈焰熊熊"，字体为"米芾"，如图 3-26 所示。

注意：若系统中没有该种字体，可以选择笔画样式较粗的字体代替。

（3）按 Alt+Backspace 组合键将前景色填充至蒙版文字中，按 Ctrl+D 组合键取消选区，如图 3-27 所示。

图 3-26　在黑色背景中输入蒙版文字

图 3-27　填充前景色于文字中

3.4.2　旋转图像并添加滤镜效果

（1）执行"图像"→"图像旋转"→"顺时针 90 度"命令，文档向右旋转 90°。

（2）执行"滤镜"→"模糊"→"高斯模糊"命令，设置模糊参数为 6。

（3）执行"滤镜"→"风格化"→"风"命令，设置"方法"为"风"、设置"方向"为"从左"，效果如图 3-28 所示。

（4）执行"图像"→"图像旋转"→"逆时针 90 度"命令，文档向左旋转 90°，如图 3-29 所示。

（5）执行"滤镜"→"扭曲"→"波纹"命令，设置"数量"为 100%，"大小"为"中"，效果如图 3-30 所示。

图 3-28　旋转图像并添加"风"滤镜

图 3-29　向左旋转文字

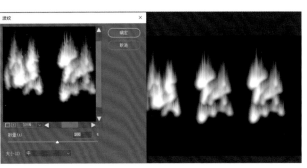

图 3-30　添加"波纹"滤镜

3.4.3 色彩模式转换

（1）执行"图像"→"模式"→"索引颜色"命令，此时色彩模式由"灰度"转换成"索引颜色"。

（2）再次执行"图像"→"模式"命令，可见"模式"菜单中的"颜色表"命令呈可执行状态，如图 3-31 所示。

（3）执行"颜色表"命令，弹出"颜色表"对话框，在"颜色表"下拉列表框中选择"黑体"选项，可见黑体颜色表呈现黑—红—黄—白推进色表，如图 3-32 所示。此时文档中的文字已经呈现出火焰效果，如图 3-33 所示。

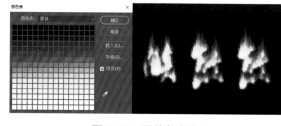

图 3-32 黑体颜色表

图 3-31 "颜色表"命令

图 3-33 火焰文字效果

微课：燃烧字效果

 本章小结 ·· ◎

　　本章主要讲述了关于色彩的基础知识，重点讲述了在实际工作中使用最多的 RGB 和 CMYK 两大色彩模式。通过对本章的学习，学生可以清楚在何种情况下使用何种色彩模式，掌握各种色彩模式之间的差异。

 课后习题 ·· ◎

一、选择题

1. 黑体颜色表在以下（　　）中能找到。

　　A. RGB 色彩模式　　　　　　　　　　B. CMYK 色彩模式

　　C. 灰度模式　　　　　　　　　　　　D. 索引颜色模式

2. 火焰文字效果的模式转换顺序正确的是（　　）。

　　A. 灰度模式—索引颜色模式　　　　　B. RGB 色彩模式—索引颜色模式

　　C. CMYK 色彩模式—索引颜色模式　　D. Lab 颜色模式—索引颜色模式

二、简答题

1. 色彩的 RGB 和 CMYK 两种模式有哪些区别？说出它们之间最关键的两种区别。

2. 设计的对象为印刷产品时，应该选择哪种色彩模式？为什么？

拓展模块——拆盲盒 ·······························◉

拓展案例

第4章 特殊文字效果制作

学习目标

1. 能利用滤镜效果对文字进行艺术化处理，并融入对中华文化的解读、传承和创新，提高艺术修养水平。
2. 学会使用图层样式来实现文字不同质感的艺术效果，培养高尚品德和对中华优秀传统文化的传承与创新精神。

知 识 点

1. 图层样式的具体应用。
2. 图层混合模式效果的制作。

在平面设计中，特殊效果的文字应用比较广泛，在 Photoshop 中，利用图层样式等功能可以制作出具有丰富效果的艺术文字。

利用 Photoshop 制作特殊效果的文字，不局限于改变字体的基本形态，而是对字体的形态、质感、色彩等做统一的变化，产生特别的效果。其比普通字体更加美观，更具特色。文字设计应极力突出文字的个性色彩，创造与众不同的效果，给人以别开生面的审美感受。

4.1 金属效果文字制作

4.1.1 制作金属文字背景

（1）执行"文件"→"新建"命令，弹出"新建"对话框，设置名称为"金属字"，宽度为1 000 像素、高度为 500 像素，颜色模式为 RGB，分辨率为 150 像素/英寸，单击"确定"按钮，创建文档，如图 4-1 所示。

（2）创建一个新图层（按 Ctrl+J 组合键对背景层复制），设置前景颜色为灰色（#333333），按 Alt+Delete 组合键填充前景色，如图 4-2 和图 4-3 所示。

（3）打开文件名为"灰金属"的图片，执行"编辑"→"定义图案"命令，如图 4-4 所示。

（4）添加"图案叠加"图层样式，选择自定义的"灰金属 .jpg"图案，参考图 4-5 设置"图案叠加"选项卡中的参数。添加"图案叠加"图层样式后的效果如图 4-6 所示。

图 4-1   "新建"对话框

图 4-2   设置前景色为灰色

图 4-3   填充前景色

图 4-4   定义图案

图 4-5   "图案叠加"图层样式

图 4-6   添加样式后的效果

（5）新建图层，更改图层名称为"底色"，调整前景颜色为"＃cb7bff"，为图层填充前景色，如图 4-7 所示。设置图层的混合模式为"叠加"，不透明度为 60%，效果如图 4-8 所示。

（6）为"底色"图层添加"图案叠加"图层样式，加载图案，混合模式为"正片叠底"，不透明度为 40%，如图 4-9 所示。叠加图案增加了背景图的层次感，效果如图 4-10 所示。

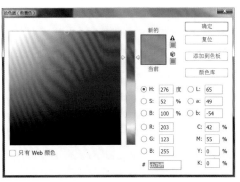

图 4-7   设置前景色

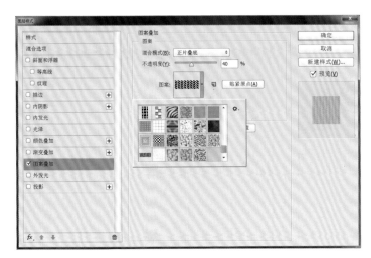

图 4-9   "图案叠加"图层样式

图 4-8   图层的颜色叠加效果

图 4-10   图案叠加后的效果

4.1.2　添加文字并制作效果

　　单击"文字工具"的下拉三角按钮，选择"横排文字工具"，选择超世纪粗毛楷字体，输入文字"不忘初心"（可以自由选择喜欢的字体），然后添加"外发光""投影"图层样式。其主要为突出文字与背景的层次感，增加立体感觉，参数如图 4-11 和图 4-12 所示。完成后的效果如图 4-13 所示。

　　提示：由于后面会为文字叠加图案，所以此处不需要调整文字颜色。

图 4-11　"外发光"参数设置

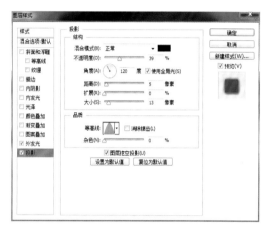

图 4-12　"投影"参数设置

图 4-13　完成后的效果

4.1.3　制作主体部分效果

　　复制文字图层，然后在图层面板中单击鼠标右键，清除图层样式，添加新的图层样式。

　　（1）添加"斜面和浮雕"样式，以表现金属字的立体感，增加字体厚度。"结构"选项组中的样式选择"枕状浮雕"，"方法"选择"雕刻清晰"；"阴影"选项组中"高光模式"后面的色板设置为"#666666"，"阴影模式"后面的色板设置为"#333333"，其他参数可参考图 4-14 设置。等高线调整为"半圆"模式，参数如图 4-15 所示。

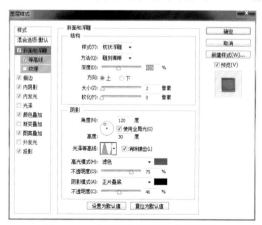

图 4-14　"斜面和浮雕"参数设置

图 4-15　"等高线"参数设置

（2）添加"描边"图层样式，把字的边缘清晰化，使金属字的边缘亮起来，以增加光泽度，参数设置如图 4-16 所示。

（3）添加"内阴影"图层样式，进一步增强字体的立体感，使字体的明暗对比更明显。"结构"选项组中的"混合模式"选择"正片叠底"，其他参数设置如图 4-17 所示。

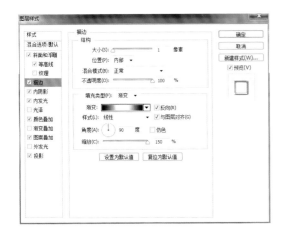

图 4-16 "描边"参数设置

图 4-17 "内阴影"参数设置

（4）添加"内发光"图层样式，"结构"选项组中的"混合模式"选择"颜色减淡"；给文字添加从右到左灰（#999999）—白—黑渐变的阴影颜色，增加文字的立体感，参数设置如图 4-18 所示。

（5）添加"颜色叠加"图层样式，调整字体颜色为灰色（#333333），模拟金属颜色，参数设置如图 4-19 所示。

图 4-18 "内发光"参数设置

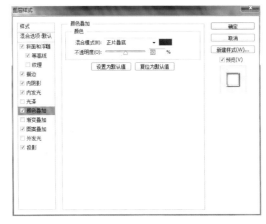

图 4-19 "颜色叠加"参数设置

（6）添加"渐变叠加"图层样式，"渐变"选项组中的"混合模式"选择"柔光"，"不透明度"设置为 81%，参数如图 4-20 所示。

（7）添加"图案叠加"图层样式，参数如图 4-21 所示。

提示：选择之前自定义的图案。

（8）添加"投影"图层样式，"结构"选项组中的"混合模式"设置为"正片叠底"，"角度"设置为 120°，"距离"设置为 2 像素，"大小"设置为 6 像素，其他参数设置如图 4-22 所示，完成后的文字效果如图 4-23 所示。

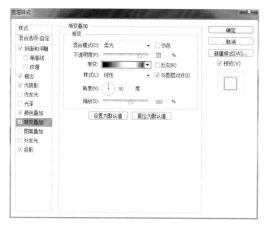

图 4-20 "渐变叠加"参数设置

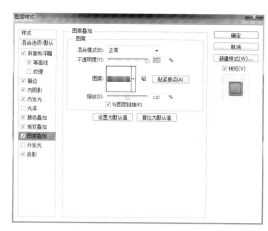

图 4-21 "图案叠加"参数设置

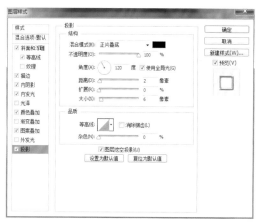

图 4-22 "投影"参数设置

图 4-23 添加图层样式后的文字效果

4.1.4 完善字体效果

复制文字图层,然后在图层面板单击鼠标右键,清除图层样式,重新进行图层样式设置,并将该图层的填充设为 0。

(1)添加"斜面和浮雕"图层样式,"结构"选项组中的"样式"选择"描边浮雕","方法"选择"平滑";"阴影"选项组中的"光泽等高线"设置为"环形 - 双"。其他参数如图 4-24 所示。

(2)添加"描边"图层样式,"大小"设置为 1 像素,"位置"设置为"内部","混合模式"设置为"柔光",其他参数如图 4-25 所示。

(3)添加"内阴影"图层样式,"结构"选项组中的"混合模式"选择"正片叠底",其他参数如图 4-26 所示。

(4)添加"颜色叠加"图层样式,调整文字颜色,为文字添加灰蓝色(#403366),模拟金属材质反射环境颜色的效果,参数如图 4-27 所示。

(5)添加"渐变叠加"图层样式,增加字体光泽感,给文字添加灰色(#333333)—白色—黑色的渐变色,模拟金属颜色,具体参数如图 4-28 所示。

(6)添加"投影"图层样式,设置"不透明度"为 75%,其他参数如图 4-29 所示。最后效果如图 4-30 所示。

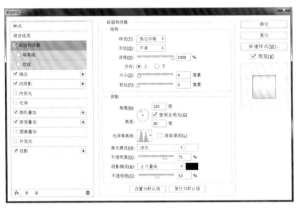

图 4-24　"斜面和浮雕"参数设置

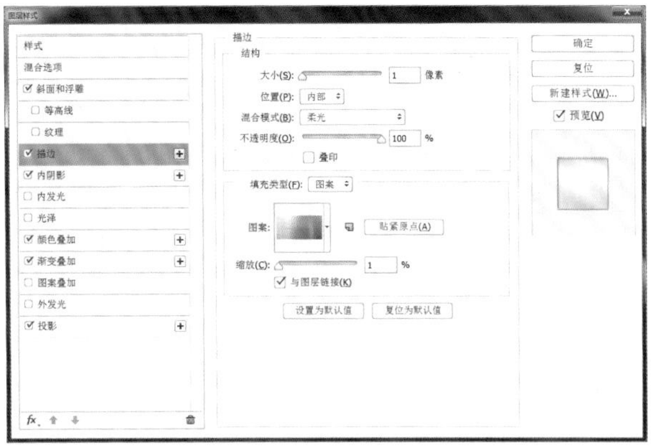

图 4-25　"描边"参数设置

图 4-26　"内阴影"参数设置

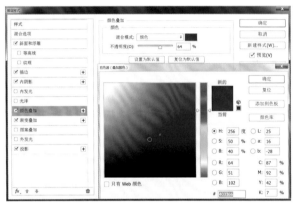

图 4-27　"颜色叠加"参数设置

图 4-28　"渐变叠加"参数设置

图 4-29　"投影"参数设置

4.1.5　制作金属表面的高光效果

选择"画笔工具" ，设置画笔大小为 50 ~ 70 像素，硬度为 0%，不透明度为 50%，得到图 4-31 所示效果。文字制作完成后的效果如图 4-32 所示。

图 4-30　图层样式设置完成效果

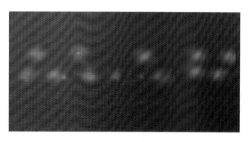

图 4-31 制作高光效果

图 4-32 完成后文字效果

4.1.6 制作文字映射效果

（1）将三个文字图层编组，隐藏其他图层，如图 4-33 所示，按 Ctrl+Shift+Alt+E 组合键执行图层压印。

（2）执行"编辑"→"变换"→"垂直翻转"命令，如图 4-34 所示，得到图 4-35 所示效果。

（3）显示其他图层，结合背景调整映射效果。

（4）给映射图层添加蒙版。单击图层面板底部的"添加图层矢量蒙版"按钮，填充由黑到白的渐变颜色，最终效果如图 4-36 所示。

图 4-33 压印可见图层

图 4-34 "垂直翻转"命令

图 4-35 调整阴影合适位置

图 4-36 最终效果

4.2 炫彩水晶效果文字制作

4.2.1 创建文档并添加文字

（1）执行"文件"→"新建"命令，弹出"新建"对话框，如图 4-37 所示。设置名称为"水晶字"，宽度为 800 像素，高度为 600 像素，颜色模式为 RGB，分辨率为 150 像素 / 英寸，"背景内容"选择"背景色"（设置背景色为黑色），设置完成后单击"确定"按钮，得到的文档如图 4-38 所示。

图 4-37　"新建"对话框

图 4-38　新建的黑色文档

（2）设置前景颜色为白色，选择工具栏中的"文字工具" T，选择字体为"方正艺黑简体"，字号为 100 pt，输入文字"炫彩水晶"，效果如图 4-39 所示。

图 4-39　输入文字

4.2.2　文字彩虹效果制作

（1）双击文字图层，弹出"图层样式"对话框，单击选中"渐变叠加"复选框，设置其选项卡中的"混合模式"为"正常"，"样式"为"径向"，详细参数如图 4-40 所示。

（2）调整渐变样式，如图 4-41 所示，六种颜色数值分别为 #9ecaf0、#a5f99e、#f5b3f1、#f8ae97、#faf18e、#9df7fa，完成效果如图 4-42 所示。

图 4-40　"渐变叠加"参数设置

图 4-41　渐变颜色设置

图 4-42　叠加渐变颜色的文字效果

4.2.3　水晶文字制作

（1）为文字添加"光泽"图层样式，如图 4-43 所示。详细参数："结构"选项组中的"混合模式"选择"线性光"，"不透明度"设置为 43%，"角度"设置为 17°，"距离"设置为 12 像素，"大小"设置为 14 像素；等高线编辑器映射曲线设置如图 4-44 所示。添加"光泽"图层样式后的效果如图 4-45 所示。

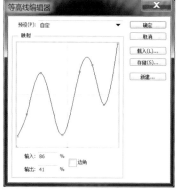

图 4-43　"光泽"参数设置　　　图 4-44　等高线编辑器映射曲线设置　图 4-45　添加"光泽"样式后的效果

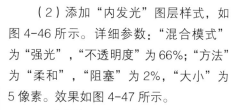

（2）添加"内发光"图层样式，如图 4-46 所示。详细参数："混合模式"为"强光"，"不透明度"为 66%；"方法"为"柔和"，"阻塞"为 2%，"大小"为 5 像素。效果如图 4-47 所示。

（3）添加"内阴影"图层样式，如图 4-48 所示。详细参数："混合模式"为"亮光"，"不透明度"为 40%，"角度"为 135°，"距离"为 10 像素，"阻塞"为 0，"大小"为 45 像素。等高线编辑器映射曲线设置如图 4-49 所示。添加"内阴影"图层样式后的效果如图 4-50 所示。

图 4-46　"内发光"参数设置　　　图 4-47　添加内发光后的效果

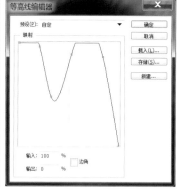

图 4-48　"内阴影"参数设置　　图 4-49　等高线编辑器映射曲线设置　图 4-50　添加"内阴影"图层样式后的效果

（4）添加"斜面和浮雕"图层样式，如图 4-51 所示。详细参数："样式"为"枕状浮雕"，"方法"为"平滑"，"深度"为 123%；"角度"为 111°，"高度"为 42，"高光模式"为"实色混合"，"不透明度"为 40%。添加"斜面和浮雕"图层样式后的效果如图 4-52 所示。

（5）添加"外发光"图层样式，如图 4-53 所示。详细参数："混合模式"为"排除"，"不透明度"为 75%；"方法"为"平滑"，"扩展"为 0，"大小"为 16 像素；"范围"为 75%，"抖动"为 94%。添加"外发光"图层样式后的效果如图 4-54 所示。至此，炫彩水晶效果文字制作完成。

注意：在炫彩水晶效果文字的制作中，各图层样式用到的参数值只做参考，制作时可根据需要自行调整。参数变化，文字的效果也会有所变化，制作时要注意观察。

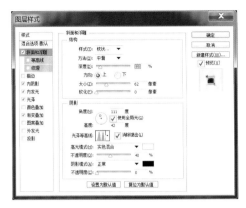

图 4-51　"斜面和浮雕"参数设置

图 4-52　添加"斜面和浮雕"图层样式后的效果

图 4-53　"外发光"参数设置

图 4-54　添加"外发光"图层样式后的效果

微课：发光文字效果

4.3 ● 发光效果文字制作

4.3.1 背景制作

（1）执行"文件"→"新建"命令，弹出"新建"对话框，设置名称为"光子字"，宽度为 1400 像素，高度为 600 像素，颜色模式为 RGB，分辨率为 150 像素 / 英寸，背景为白色，设置完成后单击"确定"按钮，如图 4-55 所示。

（2）选择"渐变工具" 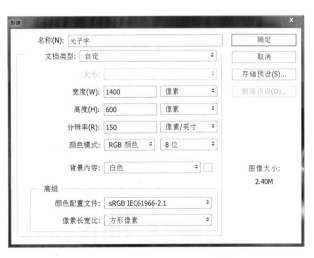，在背景拉一个深灰色（#464646）到黑色的线性渐变，如图 4-56 和图 4-57 所示。填充渐变后的效果如图 4-58 所示。

图 4-55　创建"光子字"文档

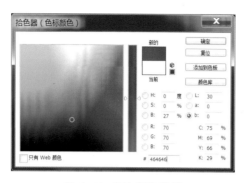  

图 4-56 深灰颜色设置 　　图 4-57 渐变编辑器 　图 4-58 填充渐变后的效果

（3）新建一个图层，选择"渐变工具"，选择彩虹渐变色，在画布上从上往下拉出一条渐变，然后把图层混合模式改为"颜色"，不透明度改为 25%，如图 4-59 和图 4-60 所示。

（4）在背景层和图层 1 之间创建一个渐变调整层，如图 4-61 所示，单击图层面板中的 按钮，创建渐变填充图层蒙版，调整相应参数，如图 4-62 和图 4-63 所示。把渐变调整层的不透明度改为 65%，得到一个一边是黑色一边是透明的渐变，如图 4-64 所示。

图 4-59 图层面板 　　图 4-60 彩虹渐变色以 　图 4-61 创建一个渐变调整层
"颜色"模式混合

图 4-62 渐变设置 　　图 4-63 渐变编辑器 　图 4-64 添加渐变调整层后的效果

4.3.2 输入文字

选择"文字工具" ，输入想要的文字，设置文字的颜色为黑色，文字的大小为 180 pt，选择报隶－简字体，然后把文字层图层的混合模式改为"滤色"，如图 4-65 所示。

图 4-65 输入文字

4.3.3　制作文字发光效果

双击文字图层，调出图层样式，为文字增加"外发光"效果。设置"混合模式"为"颜色减淡"，"不透明度"为 20%，颜色为白色；"大小"为 30 像素，其他参数如图 4-66 所示。增加"描边"效果，设置"大小"为 2 像素，"混合模式"为"颜色减淡"，"不透明度"为 50%，"颜色"为白色，如图 4-67 所示。设置完成后的效果如图 4-68 所示。

图 4-66　"外发光"参数设置

图 4-67　"描边"参数设置

图 4-68　添加图层样式完成后效果

4.3.4　完善文字发光效果

按 Ctrl+J 组合键复制 10 个文字副本图层，全部隐藏，然后分别对每一个图层使用 Ctrl+T 组合键把中心点拖到文字的底部，调整大小至刚刚能把其前面的图层显示出来，具体效果如图 4-69 所示。

图 4-69　文字发光效果

4.3.5　文字光带效果制作

（1）选择"椭圆选框工具"，拖出一个细长的椭圆，按 Ctrl+Alt+D 组合键羽化，数值为 20，按 D 键把前 / 背景色恢复到默认的黑 / 白色，按 Q 键进入快速蒙版，如图 4-70 和图 4-71 所示。执行"滤镜"→"模糊"→"动感模糊"命令，在"动感模糊"对话框中，设置"角度"为 0，"距离"为 400 像素，如图 4-72 和图 4-73 所示。按 Q 键退出快速蒙版，再创建一个曲线调整图层，如图 4-74 和图 4-75 所示。

图 4-70　细长的椭圆选区

图 4-71　进入快速蒙版

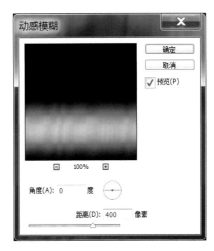
图 4-72　"动感模糊"参数设置

图 4-73 增加动感模糊后的选区　　图 4-74 创建一个曲线调整图层　　图 4-75 曲线调整形状

（2）为了增加光感效果，复制一个曲线图层，并将"曲线 1 拷贝"图层的混合模式设置为"叠加"，效果如图 4-76 所示。

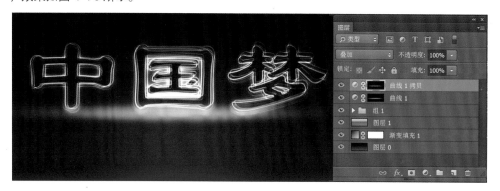

图 4-76 增加光感效果

4.3.6 透视效果制作

（1）新建一个 300 像素 ×300 像素的文档，双击背景图层解锁，如图 4-77 所示。

（2）双击图层调出图层样式，添加"颜色叠加"和"描边"图层样式，详细参数设置如图 4-78 和图 4-79 所示。

图 4-77 新建文档　　　　　图 4-78 "颜色叠加"参数设置　　　图 4-79 "描边"参数设置

（3）把制作完成的效果定义为图案。执行"编辑"→"定义图案"命令，弹出的对话框如图 4-80 所示，单击"确定"按钮。

（4）回到"光子字"文件，新建一个图层，执行"编辑"→"填充"命令，选择刚才自定义的图案，如图 4-81 所示。按 Ctrl+T 组合键或执行"编辑"→"自由变换"命令调整点，单击鼠标右键，在弹出的快捷菜单中执行"透视"命令，效果如图 4-82 所示。把图层的混合模式改为"变亮"，不透明度改为 40%，如图 4-83 所示。完成效果如图 4-84 所示。

图 4-80　定义图案

图 4-81　填充面板

图 4-82　自由变换调整图案效果

图 4-83　设置图层的混合模式为"变亮"

图 4-84　完成效果

4.3.7　文字反光效果制作

选定文字组，再制一个副本组，然后把副本组选中，按 Ctrl+T 组合键进行"垂直翻转"，移到文字的下面形成文字的倒影，如图 4-85 所示。将组 2 的不透明度改为 39%，给组 1 添加图层蒙版，选择黑白渐变拉一个黑白线性渐变，如图 4-86 所示。

用同样的方法制作"MONTAG"文字效果，使画面构图完整，最终完成效果如图 4-87 所示。

图 4-85　制作倒影效果　　　图 4-86　给组 1 添加图层蒙版　　　图 4-87　光子字最终完成效果

4.4　水火交融效果文字制作

4.4.1　背景制作

（1）执行"文件"→"新建"命令，弹出"新建"对话框，设置名称为"水火交融"，宽度为 1 400 像素，高度为 900 像素，颜色模式为 RGB，分辨率为 150 像素 / 英寸，设置完成后单击"确定"按钮，如图 4-88 所示。

（2）选择"渐变工具" ，设置渐变颜色，如图 4-89 和图 4-90 所示。在背景图层填充深灰色 (#464646) 到黑色的径向渐变，效果如图 4-91 所示。

图 4-88　新建"水火交融"文档

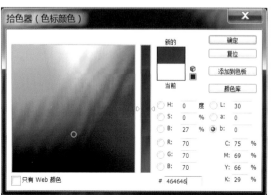

图 4-89　设置渐变颜色　　　图 4-90　"渐变编辑器"对话框　　　图 4-91　背景填充渐变后的效果

4.4.2　文字水效果制作

（1）选择"文字工具" T ，在画布上输入字母"S"，设置文字的颜色为灰色，调整文字大小为 330 pt，选择 Arial 字体，如图 4-92 所示。

（2）置入水花素材 1，如图 4-93 所示。执行"图像"→"调整"→"去色"命令或按 Shift+Ctrl+U 组合键，再执行"图像"→"调整"→"反相"命令或按 Ctrl+I 组合键得到黑白效果的水花。使用"套索工具" 框选出需要用到的部分水花，完成效果如图 4-94 所示。

  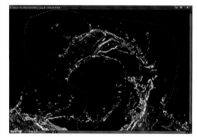

图 4-92　输入文字　　　　　　图 4-93　水花素材 1　　　　　图 4-94　去色反相后的效果

（3）使用"移动工具"拖动素材 1 选区内的水花到"水火交融"文件字母"S"上（或在素材 1 文件上按 Ctrl+C 组合键，然后单击"水火交融"文件按 Ctrl+V 组合键粘贴选区内容），设置图层的混合模式为"滤色"，然后执行"编辑"→"自由变换"命令或按 Ctrl+T 组合键，单击浮动面板中的 按钮，调整水花的形状使之与字母"S"很好地结合，如图 4-95 和图 4-96 所示。

（4）按照同样的方法置入水花素材 2～水花素材 6 并调整形状，制作出"S"形水花效果，如图 4-97～图 4-101 所示。为所有水花效果图层添加蒙版，擦掉多余的水花，隐藏字母"S"图层，效果如图 4-102 所示。

 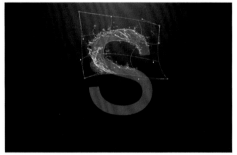 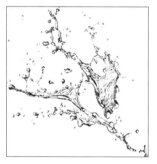

图 4-95　拖动水花素材到字母"S"上　　　图 4-96　使用"自由变换"功能　　　图 4-97　水花素材 2

 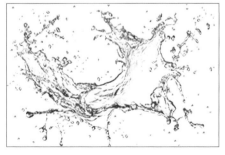 

图 4-98　水花素材 3　　　　　　图 4-99　水花素材 4　　　　　　图 4-100　水花素材 5

图 4-101　水花素材 6

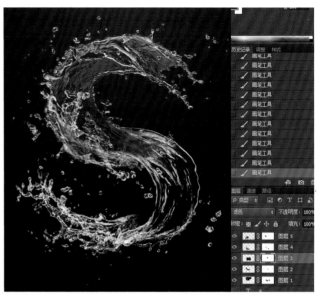

图 4-102　"S"形水花效果

图 4-103　火焰素材 1

图 4-104　火焰素材 2

4.4.3　文字火焰效果制作

打开火焰素材文件，如图 4-103 和图 4-104 所示。使用"套索工具"框选出需要的部分，然后将选区内的火焰移动到"水火交融"文件的字母"S"上，设置混合模式为"滤色"，并使用与制作"S"形水花同样的方法调整火焰形状并擦除多余部分，如图 4-105 和图 4-106 所示，调整火焰形状后的效果如图 4-107 所示。

图 4-105　使用"套索工具"
框选火焰素材 1

图 4-106　使用"套索工具"
框选火焰素材 2

图 4-107　调整火焰形状后的效果

4.4.4　文字烟雾效果制作

使用上述方法处理烟雾素材，如图 4-108 和图 4-109 所示。

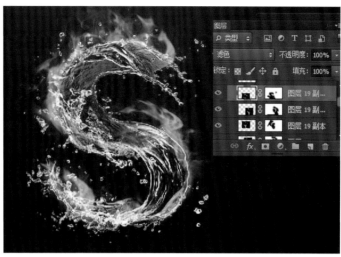

图 4-108　烟雾素材　　　　　　　图 4-109　烟雾与 "S" 结合

4.4.5　背景效果制作

在背景层使用 "画笔工具" 绘制一个橘色的圆形，如图 4-110 所示，设置混合模式为 "点光"。水火交融文字的最终完成效果如图 4-111 所示。

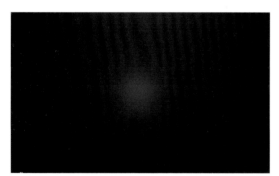

图 4-110　绘制橘色的圆　　　　　　图 4-111　水火交融文字的最终完成效果

4.5　圣诞积雪效果文字制作

4.5.1　制作背景

（1）执行 "文件→新建" 命令，弹出 "新建" 对话框，如图 4-112 所示，设置名称为 "积雪字"，宽度为 610 像素，高度为 400 像素，分辨率为 150 像素 / 英寸。

（2）执行 "编辑" → "填充" 命令，弹出 "填充" 对话框，如图 4-113 所示，设置填充颜色为 50% 的灰色，效果如图 4-114 所示。

注意：进行下一步操作之前要确保背景层处于解锁状态。如果背景层处于锁定状态，则用鼠标双击，然后单击 "确定" 按钮解锁。

（3）执行"滤镜"→"渲染"→"光照效果"命令，如图 4-115 所示设置参数："强度"为 30，"聚光"为 90，"曝光度"为 0，"光泽"为 0，"金属质感"为 66，"环境"为 45，"纹理"为"无"，效果如图 4-116 所示。

（4）通过用鼠标双击图层面板或者右键单击图层面板，从弹出的快捷菜单中进入"图层样式"对话框，选中"颜色叠加"复选框，设置"混合模式"为"颜色"，"不透明度"为 75%，颜色值为 #b9ccdd，如图 4-117 和图 4-118 所示。完成效果如图 4-119 所示。

图 4-112　新建"积雪字"文档

图 4-113　"填充"对话框

图 4-114　填充 50% 的灰色后的效果

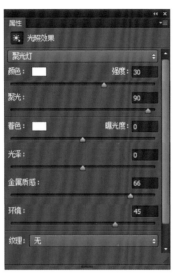

图 4-115　"光照效果"属性面板

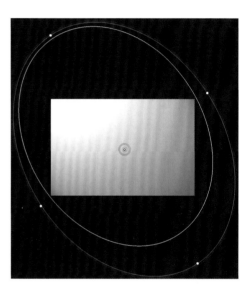

图 4-116　添加"光照效果"后的效果

图 4-117　"颜色叠加"参数设置

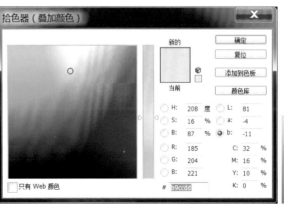

图 4-118　"拾色器"对话框

图 4-119　添加颜色后的背景

4.5.2　冰雪覆盖地面效果制作

（1）选择"自由钢笔工具" 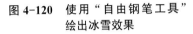，勾画出积雪效果，形状如图 4-120 所示。

（2）单击图层面板下面的 按钮创建新图层，如图 4-121 所示。单击路径面板下面的 按钮，转换路径为选区，如图 4-122 所示。在新建的图层 1 中填充白色（设置前景色为白色，按 Alt+Delete 组合键填充前景色），效果如图 4-123 所示。填充完成后，取消选区。

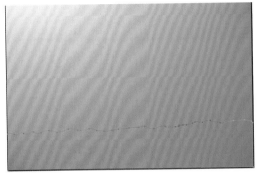

图 4-120　使用"自由钢笔工具"
　　　　　　绘出冰雪效果

图 4-121　图层面板

图 4-122　路径面板

（3）给图层 1 增加"投影"图层样式，设置混合模式为"线性加深"，不透明度为 75%，距离为 2 像素，大小为 4 像素，选中"消除锯齿"复选框，如图 4-124 所示。

（4）添加"外发光"图层样式，设置混合模式为"滤色"，不透明度为 65%，"杂色"为 58%，填充颜色为白色；"方法"为"柔和"，"扩展"为 8%，大小为 5 像素；选中"消除锯齿"复选框，"范围"为 50%，"抖动"为 0%，如图 4-125 所示。

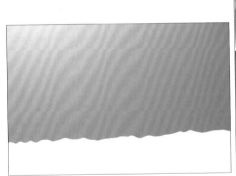

图 4-123　选区内填充白色

图 4-124　添加投影效果

图 4-125　添加外发光效果

（5）添加"内发光"图层样式，设置混合模式为"滤色"，不透明度为 50%，"杂色"为 39%；"方法"为"柔和"，"源"为"边缘"，大小为 5 像素；选中"消除锯齿"复选框，"范围"为 50%，"抖动"为 0%，如图 4-126 所示。

（6）添加"斜面和浮雕"图层样式，设置样式为"内斜面"，"方法"为"平滑"，"深度"为 100%，"方向"为"上"，大小为 5 像素；角度为 120°，高度为 30，选中"消除锯齿"复选框，取消选中"使用全局光"复选框，高光模式为"滤色"，不透明度为 75%，阴影模式为"正片叠底"，不透明度为 45%，如图 4-127 所示。选择半圆等高线，选中"消除锯齿"复选框，将不透明度设置为 90%，如图 4-128 所示。

图 4-126　添加内发光效果

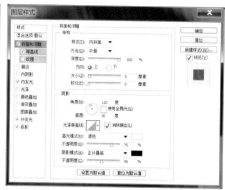
图 4-127　"斜面和浮雕"参数设置

图 4-128　等高线参数设置

（7）添加"渐变叠加"图层样式，设置渐变叠加的样式为"线性""与图层对齐"，角度为90°，缩放 130%，如图 4-129 所示。渐变色为 #d3d8de 到白色，如图 4-130 所示。渐变色设置如图 4-131 所示，填充渐变后的效果如图 4-132 所示。

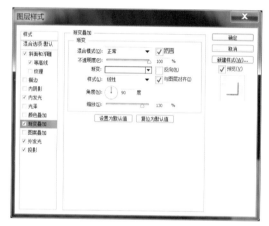
图 4-129　"渐变叠加"参数设置

图 4-130　渐变编辑器

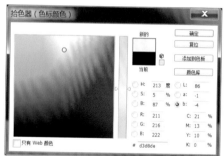
图 4-131　渐变色设置

4.5.3　背景纹理效果制作

　　置入素材包中的大理石纹理图片，如图 4-133 所示，把它放在冰雪图层上方，设置图层混合模式为"正片叠底"，透明度为 5%，得到如图 4-134 所示效果。

图 4-132　填充渐变后的效果

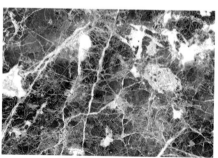
图 4-133　大理石纹理图片

图 4-134　填充大理石纹理后的效果

4.5.4　糖果文字效果制作

（1）选择"文字工具" ![T]，输入文字"merry christmas"，选择 Arial Rounded MT bold 字体，设置文字颜色为白色，效果如图 4-135 所示。

（2）为字体添加效果，素材包中有糖果效果的样式，可直接复制、粘贴，效果如图 4-136 所示。

图 4-135　添加文字效果　　　　　图 4-136　糖果效果文字

（3）复制文字图层。为该文字图层添加雪地图层的样式。可通过复制和粘贴已制作好的图层样式来完成这一步操作，效果如图 4-137 所示。制作有积雪覆盖在糖果字体上的效果，需要创建一个图层蒙版，执行"图层"→"矢量蒙版"→"显示全部"命令。选择"钢笔工具"，逐个框选出想要保留在文字上的积雪部分，效果如图 4-138 所示。

（4）在雪地图层的底部添加文字"AND A HAPPY NEW YEAR"，效果如图 4-139 所示。

图 4-137　白雪图层样式效果　　　图 4-138　框选保留部分白雪效果　图 4-139　添加文字"AND A HAPPY NEW YEAR"

4.5.5　添加飘落的雪花效果

（1）自定义画笔。选择"形状工具" ![]，追加形状"自然"，选择合适的雪花形状，如图 4-140 所示。选择 ![形状] 工具，绘制雪花形状，进入路径面板，单击下方的 ![] 按钮，转换路径为选区，如图 4-141 所示。执行"编辑"→"定义画笔预设"命令，如图 4-142 所示。

（2）选择"画笔工具" ![]，单击 ![] 按钮打开画笔预设面板进行画笔设置，选择"雪花形状"，如图 4-143 所示。单击 ![] 按钮，选中"形状动态"复选框，设置"大小抖动"为 100%，关闭控制，"最小直径"为 0%；"角度抖动"为 100%，关闭控制；"圆度抖动"为 0%，关闭控制，如图 4-144 所示。

（3）选中"散布"复选框，设置散布值为 985%，选中"两轴"复选框，设置"数量"为 1，"数量抖动"为 45%，关闭控制，如图 4-145 所示。选中"传递"复选框，设置"不透明度抖动"为 90%，"流量抖动"为 0%，如图 4-146 所示。

（4）在文字图层的下方创建一个新图层，设置画笔颜色为白

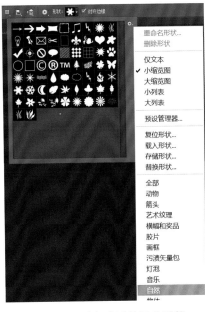

图 4-140　选择合适的雪花形状

色，然后在画布上涂抹，得到不同大小和不同透明度的雪花，效果如图 4-147 所示。

（5）创建一个新图层，置于最顶层，填充黑色，设置填充不透明度为 0%。选择"混合"选项，混合模式设置为"线性减淡"，选择"内发光"图层样式，颜色为白色，不透明度为 25%，在图像外边缘添加白色光芒。糖果积雪文字效果制作完成。

图 4-141　转换路径为选区

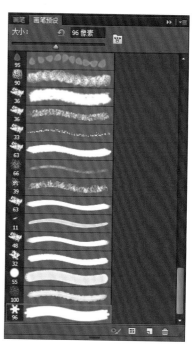

图 4-143　画笔预设面板

图 4-142　定义雪花形状为画笔

图 4-144　"形状动态"参数设置

图 4-145　"散布"参数设置

图 4-146　"传递"参数设置

图 4-147　添加雪花背景效果

4.6　实践案例——"樱海庄园"广告招贴与手机媒体广告制作

4.6.1　实践案例——"樱海庄园"广告招贴制作

本案例是大连视合设计公司为樱海庄园设计的售楼广告。在设计之初，考虑到楼盘的"庄园式"定位，要突出地域性，体现海景特色，以日式风格为主，凸显楼盘名称中的"樱花"内涵，特做出如下设计。

1. 创建"樱海庄园"文件

执行"文件"→"新建"命令（快捷键 Ctrl+N），打开"新建"对话框，设置"名称"为"樱海庄园"，"分辨率"为 300 像素 / 英寸，"颜色模式"为 CMYK，设置完成后单击"确定"按钮，如图 4-148 所示。执行"文件"→"存储为"命令（快捷键 Shift+Ctrl+S），选择 PSD 格式，将文件保存在一定位置。

注意：设计印刷品时，一定要在成品尺寸上加 3 mm 的出血；在操作过程中为避免文件丢失一定要定时保存文件（快捷键 Ctrl+S）。

2. 墨点效果制作

制作具有中国水墨画风格的墨点效果，如图 4-149 所示。

图 4-148　新建文件

图 4-149　墨点效果

图 4-150 创建"墨点"文件　　　　图 4-151 渐变填充

（1）创建新文件"墨点"，宽度为 15 厘米，高度为 10 厘米，其他参数设置参考图 4-150。设置前景色为黑色，选择"渐变工具"，设置黑色到透明的渐变，单击图层面板下方的按钮新建图层，单击"选取工具"绘制填充范围，填充渐变效果，如图 4-151 所示。

（2）顺时针旋转画布 90°，执行"图像"→"图像旋转"→"90 度（顺时针）"命令，如图 4-152 和图 4-153 所示。

（3）执行"滤镜"→"风格化"→"风"命令，参数设置如图 4-154 和图 4-155 所示，完成后的效果如图 4-156 所示。

（4）再次执行"图像"→"图像旋转"→"90 度（逆时针）"命令，将画布旋转为初始创建的状态，如图 4-157 和图 4-158 所示。

（5）执行"滤镜"→"扭曲"→"极坐标"命令，如图 4-159 和图 4-160 所示，完成的极坐标效果如图 4-161 所示。按 Ctrl+T 组合键调整墨点图形为圆形，调整后的效果如图 4-162 所示。

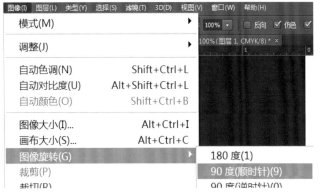

图 4-152 旋转画布　　　　图 4-153 旋转后的效果

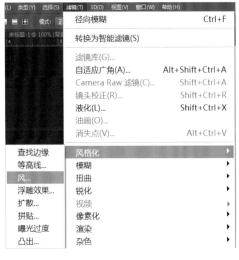

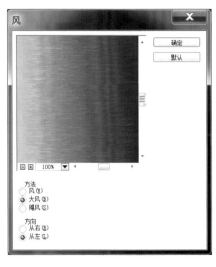

图 4-154 "风"设置（一）　　　　图 4-155 "风"设置（二）　　　　图 4-156 设置完成的效果

图 4-157　逆时针旋转

图 4-158　旋转后的效果

图 4-159　极坐标

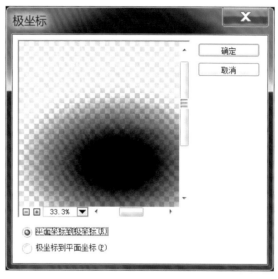

图 4-160　极坐标设置

（6）单击墨点图层，拖动该图层到面板下方的 ■ 按钮两次，同时旋转一定的角度，效果如图 4-163 所示。按 Alt+Ctrl+Shift+E 组合键压印图层，执行"滤镜"→"模糊"→"高斯模糊"命令，效果如图 4-164 所示。

3. 调整墨点颜色

（1）激活压印图层，执行"图像"→"调整"→"色阶"命令（快捷键 Ctrl+L），调整墨点颜色为浅灰色，如图 4-165 和图 4-166 所示。

（2）为墨点上洋红色，执行"图像"→"调整"→"色彩平

图 4-161　极坐标设置完成后的效果

图 4-162　调整墨点形状

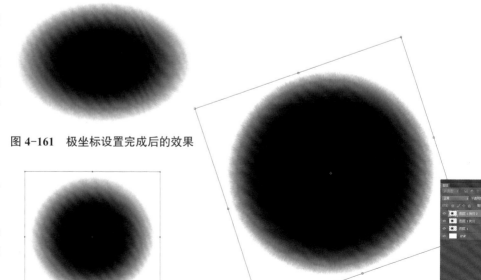

图 4-163　复制图层调整后的效果

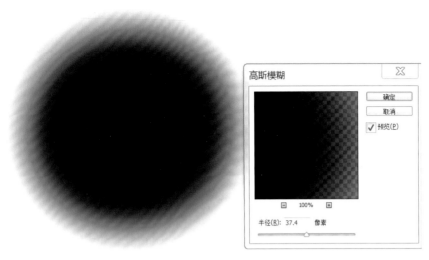

图 4-164 模糊后墨点的效果

衡"命令（快捷键 Ctrl+B），如图 4-167 和图 4-168 所示。

（3）为提高墨点颜色纯度，执行 "图像"→"调整"→"色相/饱和度" 命令（快捷键 Ctrl+U），调整参数，如图 4-169 和图 4-170 所示。

（4）为了使墨点效果更真实，复制墨点图层，执行"编辑"→"自由变换"命令（快捷键 Ctrl+T），以中心缩放，按 Shift+Ctrl 组合键调整大小，设置图层混合模式为"叠加"，不透明度为 38%，效果如图 4-171 和图 4-172 所示。

图 4-165 "色阶"命令

图 4-166 调整墨点颜色

图 4-167 "色彩平衡"命令

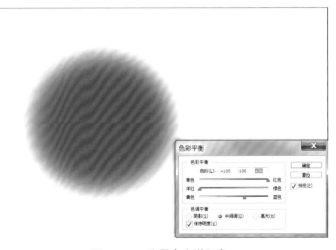

图 4-168 为墨点上洋红色

图 4-169　打开"色相 / 饱和度"对话框　　　　　图 4-170　提高墨点纯度

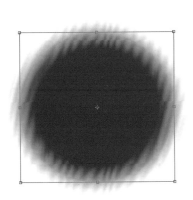

图 4-171　调整第一层墨点的大小　　　　　图 4-172　设置图层混合模式为"叠加"

（5）隐藏背景层，压印可见图层，单击"涂抹工具"按钮 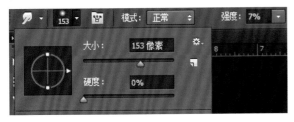 调整墨点边缘，使其更自然，效果如图 4-173 和图 4-174 所示。

（6）制作墨点质感，复制墨点图层 1，设置图层混合模式为"明度"，不透明度为 37%，添加图层蒙版，使用黑色画笔在图层蒙版中涂抹墨点中心位置，详细参数设置参考图 4-175 和图 4-176。

（7）用同样的方法制作蓝色墨点，参数设置参考图 4-177 ～图 4-179。

图 4-173　调整第二层墨点的大小　　　　　图 4-174　设置图层混合模式为"叠加"

图 4-175 制作墨点质感

图 4-176 画笔设置

图 4-177 调整为蓝颜色（一）

图 4-178 调整为蓝颜色（二）

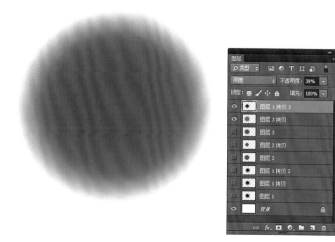

图 4-179 调整后的效果

4．广告制作

（1）打开开始新建的"樱海庄园"文件，把调整好的蓝色墨点图片拖入文件底部，调整图层面板中的填充参数为 75%，如图 4-180 所示。

（2）把楼盘地图拖放到蓝色墨点图上，使用"钢笔工具" 绘制选区处理地图，单击路径面板中的"转换路径"按钮将路径转换为选区，如图 4-181 所示。为地图添加"投影"图层样式效果，如图 4-182 所示。

（3）置入"樱海庄园"标志，如图 4-183 所示；添加标志效果，如图 4-184 所示。

图 4-180　墨点效果

图 4-181　转换路径

图 4-182　加入"投影"图层
样式效果

图 4-183　"樱海庄园"标志

图 4-184　添加标志效果

提示：标志是主要的信息传达载体，标志在构图中的位置一定要醒目，要让客户第一眼就能看见。根据人的视觉习惯，版面左上角位置会给人以很强的视觉冲击力，因此，本设计便将标志放在版面此处位置。在平面设计中，一定要特别注意信息的传达。

（4）为了烘托海天一色、鸟语花香的气氛，在画面中置入花、鸟图案作为点缀，使整幅画面更加生动，如图 4-185 所示；在边缘处添加水墨效果，如图 4-186 所示。

（5）选择"直排文字工具" **T** 输入标题等文字，调整文字的排列关系，最终完成效果如图 4-187 所示。

图 4-185　添加国画效果

图 4-186　添加边缘水墨效果

图 4-187　水墨广告效果

4.6.2 实践案例——手机媒体广告制作

利用 PS 软件中的图层样式制作文字效果，结合图片处理设计、制作中国人民解放军建军 95 周年的手机媒体宣传海报设计。设计要体现我国的文化思想理念，以弘扬铁血军魂精神，共筑强军梦的思想作为设计的主导，通过作品诠释不忘初心、牢记使命、吸收外来、面向未来，不断增强中华民族优秀传统文化的生命力和影响力。

1. 背景制作

执行"文件"→"新建文件"命令，名称为"建军 95 周年海报"，分辨率为 300 像素 / 英寸，颜色模式为 CMYK 颜色（注意：在设计印刷品时，一定在成品尺寸上加 3 mm 的出血），如图 4-188 所示。执行"文件"→"存储为"命令，将文件保存为 PSD 格式。设置前景颜色 #8d0101，按 Alt+Delete 组合键填充前景颜色，效果如图 4-189 所示。

图 4-188 创建"建军 95 周年海报" | 图 4-189 填充底色

2. 制作"95"特效字

（1）单击"文字工具" **T**，输入"95"，选择字体为"Impact"，大小设置为"160"。设置文字的图层样式，设置斜面和浮雕、投影，参数设置如图 4-190 所示。完成效果如图 4-191 所示。

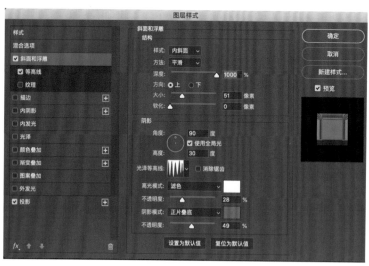

图 4-190 画笔设置 | 图 4-191 完成效果

（2）制作文字描边。复制文字"95"图层，图层名称改为"95 扩展"，将文字图层删格化文字，转换为普通图层，如图 4-192 所示。提取图层选区，将鼠标光标放在图层缩略图上，按 Ctrl 键，执行"选择"→"修改"→"扩展"命令，扩展为 30 像素，如图 4-193 和图 4-194 所示。

（3）扩展文字边效果如图 4-195 所示，设置前景颜色红色值为 #9c1d22，填充前景颜色在选区内，添加图层效果，设置投影效果如图 4-196 所示。按 Ctrl+D 组合键取消选区。复制"95 扩展"图层，图层样式设为"正片叠底"。

图 4-192　删格化文字

图 4-193　修改扩展选区

图 4-194　扩展参数设置

图 4-195　扩展文字边效果

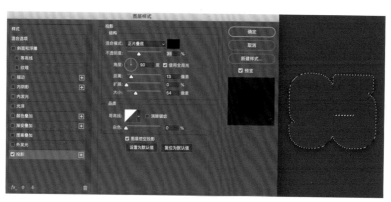
图 4-196　投影参数设置

3. 添加素材图片效果

为了突出建军节主题添加军人图片，处理图片效果，添加图层蒙版，处理图片的边缘效果，添加图层样式，设置渐变叠加，参数设置如图 4-197 所示，效果呈现如图 4-198 所示。给军人图片提亮加红，添加新图层填充前景色为 #bc1b21，如图 4-199 所示，图层样式选择颜色模式如图 4-200 所示。添加华表图片，调整摆放位置，华表图层放置在"95 扩展"图层下面。整体效果如图 4-201 所示。

单击图层面板下方新建图层图标□创建图层"渐变变暗"，设定前景色为黑色，选择"渐变工具"□，选择黑色到透明渐变，从上向下填充渐变效果。将鼠标光标放在"华表"图层缩略图上，按 Ctrl 键提取华表选区，在激活"渐变变暗"图层，单击图层面板下方的快速蒙板图标□为华表添加蒙版，设置图层样式为变暗，透明度 40%，效果如图 4-202 所示。

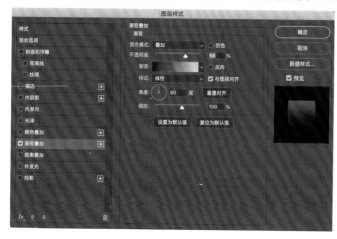
图 4-197　渐变叠加

图 4-198　图片效果

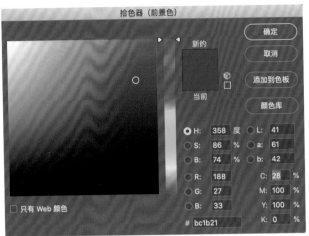

图 4-199　前景颜色设置

图 4-200　光泽

图 4-201　添加华表图片

图 4-202　叠加渐变

4. 光斑制作

利用上一个案例"墨点"的制作方法制作墨点，把做好的"墨点"定义为画笔，设置画笔的大小、间距，形状动态、散布设置，设置好画笔后就可以添加礼花和光斑效果烘托节日喜庆的气氛，如图 4-203～图 4-207 所示。

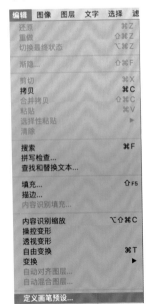

图 4-203　编辑 - 定义画笔预设

图 4-204　定义画笔

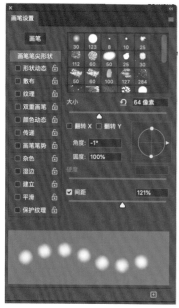

图 4-205   画笔设置   图 4-206   形状动态设置   图 4-207   散布设置

5. 绘制光斑礼花效果

创建新图层为"光斑"，设置前景颜色为白色，设置图层透明度为 60%，选择设置好的画笔，调整画笔大小和绘制的位置，效果如图 4-208 所示。采用同样的方法添加光斑效果和礼花，如图 4-209 和图 4-210 所示。

图 4-208   添加画笔效果   图 4-209   添加光斑效果   图 4-210   添加礼花效果

6. 添加文字标题

选择"文字工具" T ，选择"兰亭黑 - 简字体"，大小为 18 点，输入"铁血军魂 卫我神州"，再次选择"文字工具" T ，选择"苹方 - 简"，大小为 15 点，输入"荣耀九五载共筑强军梦"，效果如图 4-211 所示。

7. 翅膀制作

新建文件创建翅膀，选择"钢笔工具" ✐ 绘制翅膀基础型，将前景颜色设为 #5dabdf 颜色，填充前景色到白色渐变，效果如图 4-212 所示。

　　复制翅膀，执行"编辑"→"复制"→"粘贴"命令，复制8个基础型组成一侧翅膀，再将翅膀镜像，效果如图 4-213 和图 4-214 所示。将绘制好的翅膀造型用"移动工具"拖到"建军 50 周年"文件上，调整图层叠加模式为"划分"，效果如图 4-215～图 4-217 所示。选择工具栏单击文字工具🅣，输入"建军"，选择字体"黑体加粗"，文字大小"40"，添加图层样式，设置投影参数。再次选择文字工具🅣，输入"周年"，设置相同的图层样式，投影参数如图 4-218 所示。

图 4-211　添加标题文字

图 4-212　翅膀基础造型

图 4-213　一侧翅膀

图 4-214　镜像翅膀

图 4-215　添加翅膀图层

图 4-216　图层叠加效果为划分

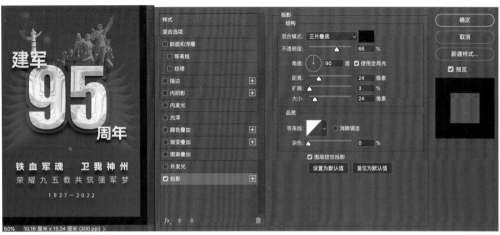

图 4-217　添加翅膀　　　　　　　　图 4-218　"周年"完成效果

本章小结

　　本章主要介绍 Photoshop 在文字特殊效果制作中的应用，详细讲述了图层样式及图层混合模式的设置与应用。通过对本章的学习，学生能熟练通过图层样式的添加及图层混合模式的设置制作各种效果的文字。

课后习题

一、简答题

1. 图层样式有哪几种效果？怎样给文字添加彩虹效果？

2. 通过什么方法可以改变图片的色相、明度？

二、实操题

1. 选择适当的工具制作图 4-219 所示的文字效果。

2. 制作台历，要求：宽为 15 cm，高为 10 cm，分辨率为 300 dpi；色彩协调，构图新颖，能突出台历的整体效果。

图 4-219　参考图

拓展模块——拆盲盒

拓展案例

第5章 图像精修技巧

5.1 美肤技巧

5.1.1 人物磨皮技术

皮肤修饰是人像修饰中最难操作的部分。皮肤既要修饰干净，又要保持质感和结构，这对于初学者来说难度很大。一是因为初学者对软件不熟悉；二是因为初学者对影响人物皮肤修饰的因素不了解。要想完美地修饰皮肤，不仅要掌握软件操作技巧，还要学习一些美妆技巧。

1. 提亮肤色

在提亮人物肤色的同时要注意保持人物的面部结构协调。

执行"文件"→"打开"命令，打开一张需要美肤的人物图片，如图5-1所示。按Ctrl+J组合键复制背景图层得到图层1，将图层1的混合模式改为"滤色"，把不透明度改为60%，通过"滤色"模式把人物整体肤色提亮。按Ctrl+Alt+Shift+E组合键盖印图层，效果如图5-2所示。

2. 磨皮处理

（1）进一步处理人物面部的斑点，对通道面板进行设置。复制蓝色通道，得到"蓝 拷贝"通道，效果如图5-3所示。

图 5-1　原图

图 5-2　"滤色"效果

图 5-3　复制蓝色通道

（2）对"蓝 拷贝"通道执行"滤镜"→"其它"→"高反差保留"命令，如图 5-4 所示。设置参数半径为 10 像素，效果如图 5-5 所示。

（3）对"蓝 拷贝"通道执行"图像"→"应用图像"命令，设置参数如图 5-6 所示，把混合模式改为"叠加"模式，其他默认。确定后再次执行"图像"→"应用图像"命令，参数不变（图 5-7），进一步加强斑点与肤色的对比，完成效果如图 5-8 所示。

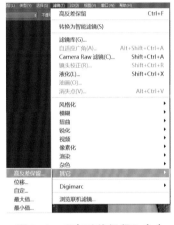

图 5-4　"高反差保留"命令

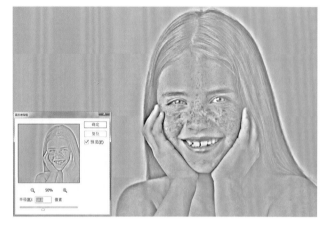

图 5-5　高反差保留滤镜效果

图 5-6　第一次执行"应用图像"命令

图 5-7　第二次执行"应用图像"命令

图 5-8　进一步加强斑点与映色的对比效果

（4）对"蓝 拷贝"通道再次执行"图像"→"应用图像"命令，将混合模式设置为"线性减淡（添加）"，将不透明度改为 60%，其他参数设置参考图 5-9。完成效果如图 5-10 所示。

（5）选择"画笔工具" ，设置前景色为白色，把人物的五官及面部以外的部分擦出来，只保留面部，擦出后的效果如图 5-11 所示。按 Ctrl+I 组合键反相，效果

图 5-9　第三次执行"应用图像"命令

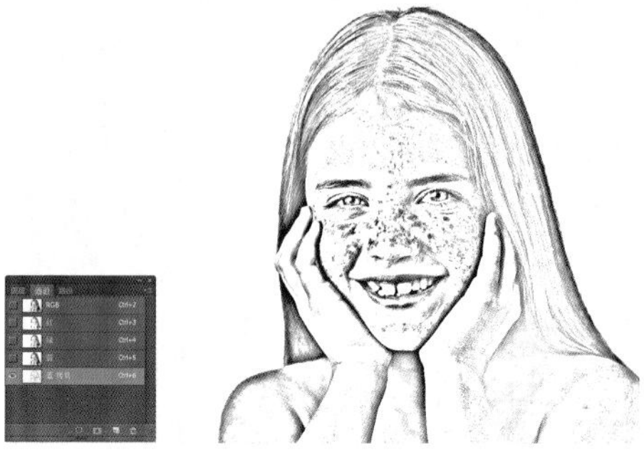

图 5-10　完成效果

如图 5-12 所示。然后按 Ctrl 键，同时用鼠标右键单击缩略图拾取"蓝 拷贝"通道选区。

（6）提取"蓝 拷贝"通道的选区，按 Ctrl 键单击"蓝 拷贝"通道窗口，保持选区，单击 RGB 通道返回图层面板，效果如图 5-13 所示。

图 5-11　擦出后的效果　　　　图 5-12　反相后的效果　　　　　图 5-13　选择斑点的效果

（7）单击图层面板下方的 按钮，选择"曲线"创建曲线调整图层，在属性面板中对 RGB 通道进行亮度调整，参数设置如图 5-14 所示（调整幅度不宜过大，对于没有消失的斑点，会在下一步处理），去掉主要斑点后的效果如图 5-15 所示。

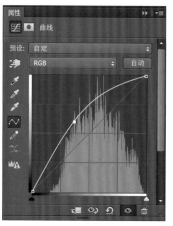

3. 柔化斑点处理

（1）新建一个图层，按 Ctrl+Shift+Alt+E 组合键盖印图层。执行"滤镜"→"模糊"→

图 5-14　曲线调节属性面板　　　图 5-15　去掉主要斑点后的效果

"高斯模糊"命令，设置模糊数值为 4，效果如图 5-16 所示。添加图层蒙版，用黑色画笔把五官及脸部以外的部分擦出来，效果如图 5-17 所示。

（2）压印所有可见图层，用"修复画笔工具"消除剩余的斑点，对眼睛及唇部使用"减淡工具"涂亮，效果如图 5-18 所示。

图 5-16　"高斯模糊"后的效果　　　图 5-17　添加图层蒙版擦出五官轮廓后的效果　　　图 5-18　最终完成效果

5.1.2　皮肤质感的再现技巧

1. 高光区的选择

（1）打开一张图片，如图 5-19 所示。按 Ctrl+J 组合键复制一份，执行"选择"→"色彩范围"命令，弹出"色彩范围"对话框，选择"高光"选项，这时可以看见，生成的选区将人物的脸部框选了，如图 5-20 ～图 5-22 所示。

（2）执行"选择"→"扩大选取"命令，扩大高光选区，如图 5-23 和图 5-24 所示。执行"选择"→"修改"→"羽化"命令，使选区边缘羽化，如图 5-25 和图 5-26 所示。

2. 滤镜的使用

（1）保持选区，执行"滤镜"→"其它"→"自定"命令，根据需要自行设置"自定"对话框中的参数，如图 5-27 和图 5-28 所示。

（2）执行"编辑"→"渐隐自定"命令或按 Shift+Ctrl+F 组合键，弹出"渐隐"对话框，设置渐隐模式为"明度"，如图 5-29 和图 5-30 所示。

图 5-19　打开图片

图 5-20　"色彩范围"命令

图 5-21　"色彩范围"对话框

图 5-22　选中人物脸部高光区的效果

图 5-24　扩大高光选区

微课：人像磨皮技术

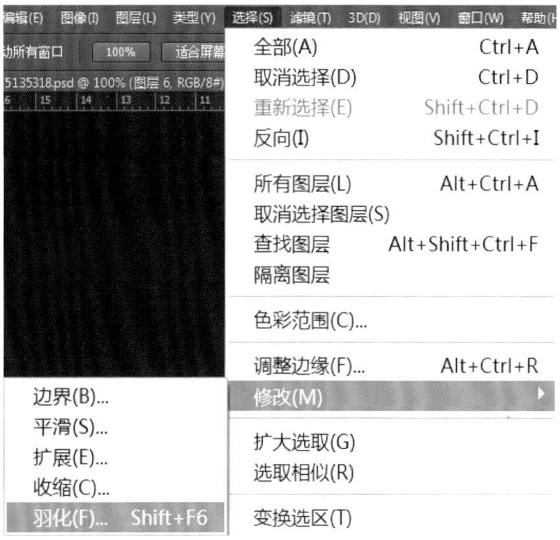

图 5-23　"扩大选取"命令

图 5-25　"羽化"命令

图 5-26　羽化高光选区

3. 蒙版的添加

添加图层蒙版，细心观察质感加强的效果是否到位，可根据需要使用"画笔工具"在蒙版中处理图像边缘，最终完成效果如图 5-31 所示。

图 5-27　滤镜菜单

图 5-28　"自定"参数设置

图 5-29　"编辑"菜单

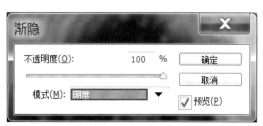

图 5-30　"渐隐"参数设置

图 5-31　质感效果添加完成

5.2　美妆技巧

5.2.1　添加腮红技巧

（1）创建新图层，在工具栏选择"套索工具"，将羽化半径设置为 20 像素，框选人物腮红范围，如图 5-32 所示。

（2）设置前景色为 #dd0024，填充前景颜色，将图层混合模式设置为"叠加"，将不透明度设置为32%，如图 5-33 所示。

（3）对图层执行"图像"→"调整"→"亮度/对比度"命令，根据需要设置亮度与对比度值。用同样的方法为另一侧脸部添加腮红，效果如图 5-34 所示。

图 5-32　腮红范围（一）

图 5-33　腮红范围（二）

图 5-34　腮红完成

5.2.2　添加口红技巧

创建新图层，选择"套索工具"框选人物嘴巴。选择"渐变工具"，进入渐变颜色编辑器，设置为左 #dd002、右 #ff5a8a，然后在新建的图层上拉出一条渐变，将图层混合模式设置为"柔光"，选择"橡皮擦工具"，将嘴唇以外的颜色擦除，设置图层的不透明度为 80%，效果如图 5-35 和图 5-36 所示。

图 5-35　添加口红

图 5-36　处理嘴部口红后的效果

5.2.3　添加眼影技巧

压印可见图层，使用"加深工具" 对人物
眼部颜色进行加深。创建新图层，设置前景色为
#ff5a8a，选择"画笔工具" ，设置笔刷大小
为 60，笔刷硬度为 0，不透明度为 20%，绘制添
加眼影，设置图层混合模式为"颜色加深"，效
果如图 5-37 所示。

图 5-37　妆容完成后的效果

5.3　美发技巧

5.3.1　弥补发量不足

1. 打开图片

执行"文件"→"打开"命令，打开需要美发的人物图片，如图 5-38 所示。

2. 补发色

单击图层面板下面的 按钮创建新图层，选择"画笔工具" 设置相关属性，其中"模式"
为颜色，"不透明度"为 40%，如图 5-39 所示。设置前景色为黑色，绘制宝贝头顶处的头发，调整
图层的不透明度为 70%，绘制效果如图 5-40 所示。

图 5-39　"画笔工具"属性栏

图 5-38　宝宝图片

图 5-40　为宝宝补发色后的效果

3. 补发丝

创建新图层，选择"钢笔工具" 绘制路径，如图 5-41 所示，设置画笔大小为 1 像素，如
图 5-42 所示。单击路径面板右上方的 按钮，打开菜单，如图 5-43 所示，执行"描边路径"命令，
弹出"描边子路径"对话框，如图 5-44 所示，选中"模拟压力"复选框，完成效果如图 5-45 所示。

图 5-41　绘制发丝

图 5-42　画笔属性设置

图 5-43　"描边路径"命令

图 5-44　"描边子路径"对话框

图 5-45　描边效果

4. 调整发量

多次重复第 3 步的操作，为宝宝多添几缕发丝。可以多次复制发丝图层，执行"编辑"→"自由变换"命令或按 Ctrl+T 组合键，然后单击浮动工具条中的 按钮，调整发丝的方向，如图 5-46 所示。整体完成效果如图 5-47 所示。

图 5-46　调整发丝的方向　　　　　　　　　　　　　图 5-47　调整发量后的效果

图 5-48 原图效果

图 5-49 选取头发部分

5.3.2 修正发色

1. 打开图片

执行"文件"→"打开"命令，打开需要修正发色的人物图片，如图 5-48 所示。

2. 选取头发

（1）按 Ctrl+J 组合键复制背景图层，选择"魔棒工具" 选取头发部分，如图 5-49 所示。

提示：也可以选择"钢笔工具"，通过添加锚点的方式绘制选区，从而选取人物的头发部分。在绘制选区时，如果锚点添加得不到位或操作中有失误，可以按 Ctrl+Alt+Z 组合键撤销操作。

（2）执行"选择"→"修改"→"羽化"命令，对头发选区进行羽化处理，羽化半径为 5 像素，如图 5-50 和图 5-51 所示。

3. 添加图层蒙版

利用羽化后的选区为"背景 拷贝 3"添加蒙版。此处将头发部分单独摘出，是为方便后面调整发色，如图 5-52 和图 5-53 所示。

图 5-50 "羽化"命令

图 5-51 羽化半径设置

图 5-52 摘出头发部分

图 5-53 添加图层蒙版

4. 头发染色

选择"画笔工具"，设置画笔大小为 100，硬度为 0%，不透明度为 80%，如图 5-54 所示。单击"图层缩览图"按钮，使工作区位于图 5-55 所示的图层。设置前景色为 #a6633e，如图 5-56 所示；用画笔喷绘头发效果，如图 5-57 所示。

图 5-54 画笔属性设置

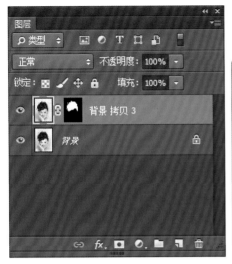

图 5-55　确定工作区　　　　　　图 5-56　前景颜色设置　　　　　图 5-57　头发染色效果

5．调整染发的效果

（1）使用"加深工具"  调整染发的层次效果，"加深工具"属性如图 5-58 所示，加深染色后的效果如图 5-59 所示。

（2）使用"减淡工具"，调整染发的层次效果，"减淡工具"属性设置如图 5-60 所示，减淡染色后的效果如图 5-61 所示。

图 5-58　"加深工具"属性栏　　　　　　　　　图 5-60　"减淡工具"属性栏

图 5-59　加深染色后的效果　　　　　　　图 5-61　减淡染色后的效果

6．制作不同的染发效果

执行"图像"→"调整"→"色相 / 饱和度"命令，调整染色的色相 / 饱和度，调整参数如图 5-62 ～图 5-64 所示，最终效果如图 5-65 所示。

可以根据自己的喜好，制作不同的染发效果。

图 5-62　色相 / 饱和度

图 5-63　紫色头发效果调整　　　　　　　　　图 5-64　灰绿色头发效果调整

图 5-65　最终效果

5.4　美体技巧

5.4.1　瘦脸技巧

1. 打开图片

执行"文件"→"打开"命令，打开一张需要瘦脸的人物图片，如图 5-66 所示。

2. 瘦脸

（1）执行"滤镜"→"液化"命令，弹出液化面板。液化面板中有独立的瘦脸工具，且一般不用刻意设置参数，其中用到最多的是面板左上角的"向前变形工具"，单击该工具按钮选择即可，如图 5-67 所示。

（2）选择"向前变形工具"后，光标会变成圆形，中间有十字对准点，通过按 [键和] 键可以控制圆的大小，移动圆形光标到指定区域，向需要变形的方向拖动即可。

注意：瘦脸调整时圆形光标的大小一定要控制得当，太小容易造成脸部轮廓不平整，太大则不好控制细节。调整后，人物脸庞左、右要大致对称。本例中，女孩的脸部两侧轮廓均需要进行调整，可利用"向前变形工具"将女孩脸部边缘向中间推送，如图 5-68 所示。两边的脸颊向中间推送后可导致下巴变尖，所以也要适当将下巴向上推送，使脸部整体轮廓自然和谐，如图 5-69 和图 5-70 所示。

图 5-66　打开图片

图 5-67　液化面板

图 5-68　脸颊变瘦

图 5-69　调整下巴

图 5-70　调整后的效果

3．五官调整

根据需要处理五官，如嘴巴，可适当将两边的嘴角向中间推送，让嘴角微翘，这样可使人物神态看起来更娇羞可爱，如图 5-71 所示。调整嘴角后一定要适当调整嘴唇，务必让嘴巴的整体效果看起来自然，如图 5-72 所示。

图 5-71   调整嘴角

图 5-72   调整嘴唇

鼻子是否需要处理依情况而定，本例中女孩的鼻翼稍显肥大，需适当调整，如图5-73和图5-74所示。

4. 细节处理

根据需要调整人物的眼睛大小、眉毛走向、眼角角度、两边额头宽度等，方法同上，至效果满意为止，单击"确定"按钮完成瘦脸。本例中女孩最终瘦脸完成效果如图 5-75 所示。

图 5-73   调整鼻翼

图 5-74   调整后的效果

图 5-75   瘦脸完成效果

5.4.2   瘦身技巧

在人物形体修饰时，并非修得瘦一些就一定完美，还应注重人物的形体美，即应保证人的身体线条的美。"液化"是修饰人物形体最实用的命令，但有时只使用"液化"命令无法完成全部工作，还需要结合"自由变换"等命令。下面通过具体案例进行讲解。

1. 打开图片

执行"文件"→"打开"命令，打开一张需要进行瘦身的人物图片，如图 5-76 所示。按 Ctrl+J 组合键复制图层，得到"图层 1"，如图 5-77 所示。

图 5-76　原图

图 5-77　复制图层

2. 液化瘦身

执行"滤镜"→"液化"命令，修整女孩身形至满意为止，调整效果可参考图 5-78～图 5-81。

图 5-78　液化面部

图 5-79　液化身体

图 5-80　液化手臂

图 5-81　液化完成效果

3．调整亮度

在图层面板下方的调节层里打开曲线属性面板，如图 5-82 所示。设置前景色为黑色，在蒙版里使用"画笔工具"，涂抹需要调整的范围，增加画面的对比度，参数设置参考图 5-83。如果有必要，还可以增加一个色阶调节层，如图 5-84 所示。

再次执行"滤镜"→"液化"命令，根据需要对女孩的身形进行微调，如图 5-85 所示。

图 5-82　"曲线"命令

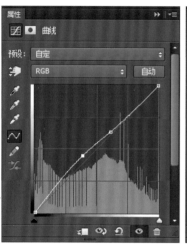

图 5-83　曲线参数

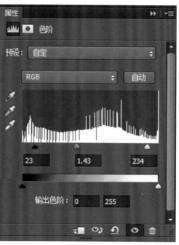

图 5-84　色阶参数

图 5-85　再次液化

4．阴影过渡处理

按 Shift+Ctrl+ Alt+E 组合键压印可见图层，在压印图层上调整人物手臂处的阴影部分。此处主要运用"图章工具" 使女孩手臂处的阴影过渡得更加自然，完成后的效果如图 5-86 所示。

提示：运用"图章工具"时，注意把图章的不透明度调整至 20% 左右，多次擦涂可使效果更好。

5．细节处理

运用"加深工具"对背景进行加深，参数设置参考图 5-87。对女孩的皮肤部分运用"减淡工具"做减淡处理，参数设置参考图 5-88。对女孩的面部等需要提亮的部位进行提亮处理，完成效果参考图 5-89。

使用"画笔工具"，设置画笔模式为"颜色"，不透明度为 15%；设置前景色为 #ff6cc3 的粉色，调整图层的不透明度为 85%，根据需要调整画笔大小，对女孩的腮部和唇部进行修饰，最终完成效果如图 5-90 所示。

图 5-86　处理阴影后的效果

图 5-87　"加深工具"参数设置　　　　　　图 5-88　"减淡工具"参数设置

图 5-89　提亮部位处理后的效果　　　　　图 5-90　最终完成效果

本章小结

本章主要讲述了图像的精修技巧，并通过实例对 Photoshop 的美肤、美妆、美发、美体等技巧进行了详细讲解。通过对本章的学习，学生可以熟练地利用 Photoshop 进行美肤、美妆、美发、美体等具体操作。

课后习题

一、简答题

1. 采用什么方法可以迅速磨皮、提亮肤色？试举例说明。

2. 处理什么样的效果使用滤镜中"液化"命令比较合适？

二、实操题

1. 为图 5-91（左）中的人物去除皮肤上的斑点，达到图 5-91（右）所示的效果。

2. 为图 5-92（左）中的人物去除皮肤上的斑点，瘦身并上妆，达到图 5-92（右）所示的效果。

图 5-91　原图及调整后的效果（一）　　　　图 5-92　原图及调整后的效果（二）

第6章 | UI设计

1. 了解 UI 设计的原则，掌握各种 UI 媒介的尺寸设置。
2. 学习形状蒙版、图层样式等技术的应用，掌握图标、界面设计的制作技巧。
3. 掌握对应设计师岗位要求并熟悉 UI 界面设计制作规范与标准。

知 识 点

1. 形状参数设置，形状的相加、相减、相交技术的应用。
2. 形状图层样式的设置与应用。
3. 变换修改工具的使用。

　　随着移动互联网的快速发展，各种手持电子设备已经得到普及，生产商们越来越多地意识到产品用户体验的重要性，因为使用者对产品的要求已不只停留在功能上，而是更加重视操控性、美观性和流畅性等要求。

　　为了解决上述问题，UI 设计应运而生。观察人们的生活环境，可以发现 UI 已渗透到各个角落，如手机图标、游戏界面、电视节目栏目宣传、年会报告的 PPT 界面、网站登录界面等。

　　学习 UI 设计最基本的就是要掌握 Adobe 公司的系列软件技术，尤其是功能强大的 Photoshop 和 Illustrator 两款软件，而 Photoshop 是当前主流的图像处理软件，在图片处理、调色方面功能极为强大，是图标、界面设计的最佳选择。因此，平面设计师必须熟练掌握应用 Photoshop 软件的技术能力，这样才能轻松地完成各类 UI 设计任务。

6.1　UI 设计概述

6.1.1　UI 设计单位

　　在 UI 设计中，人们最为熟悉的单位是像素。72 像素 / 英寸是 Mac 最早的显示器分辨率，之后

Photoshop 软件也将分辨率设为 72，以保证屏幕上的显示尺寸与打印输出的尺寸一致。"像素 / 英寸"准确地说是每英寸的长度上排列的像素点的数量，像素密度越大，屏幕显示效果就越精细。所以，目前最流行的视网膜屏幕比普通屏清晰很多，就是因为这种新型屏幕的像素密度比老款屏幕高了一倍。

现实中，只要两个屏幕逻辑像素相同，它们的显示效果就是相同的。

常用的 iOS、Android 和 Web 三个系统平台定义的单位分别是 pt、dp、px，三种单位之间的换算随倍率的变化而变化：

（1）1 倍：1 pt=1 dp=1 px（mdpi、iPhone 3gs）；

（2）1.5 倍：1 pt=1 dp=1.5 px（hdpi）；

（3）2 倍：1 pt=1 dp=2 px（xhdpi、iPhone 4s/5/6）；

（4）3 倍：1 pt=1 dp=3 px（xxhdpi、iPhone 6）；

（5）4 倍：1 pt=1 dp=4 px（xxxhdpi）。

在实际运用中，该如何设置画布的尺寸呢？下面就 iOS、Android、Web 三个系统平台分别阐述。

人们通常以逻辑像素尺寸来思考界面，体现在设计过程中，就是要把单位设置成逻辑像素。首先需要将单位、尺寸都改成 pt，也就是"点"，当打开 Photoshop 的首选项——"单位与标尺"界面时，可以把尺寸和文字单位都改成点（Point）。这里的"点"也就是 pt，无论设计 iOS、Android 还是 Web 应用系统，都可以使用它作单位。对于 Web 页面，绝对单位依然使用 px，这是因为要与代码保持一致。

6.1.2　UI 设计尺寸

像素密度是设备本身的固有属性，它会影响设备中的所有应用，包括浏览器。前端技术可以善加利用设备的像素密度，只需一行代码，浏览器便会使用 App 的显示方式来渲染页面，并根据像素密度按相应倍率缩放。

那么，如何通过 dpi 来调节倍率呢？既然屏幕本身的分辨率是 72，dpi 设成 72 为 1 倍尺寸，那么将 dpi 设成 144 即倍率为 2。

1．iPhone

由于 iPhone 几代机型的屏幕尺寸有差异，要设计一套涵盖所有 iPhone 的 UI 设计，选择逻辑像素折中的机型是非常好的办法。

目前较为流行的手机屏幕是 5.5 寸，倍率为 4，屏幕尺寸以 1 080 像素 ×1 920 像素为主。

2．Web

手机端的网页就没有统一标准，比较流行的做法是按照 iPhone 11 pro 的尺寸来设计，倍率为 4，逻辑像素为 1 080×1 920。这种倍率 4 的屏幕无论在 iOS 还是 Android 方面都是主流，而且又是屏幕中逻辑像素最小的。所以，图片的尺寸可以保持在较小的水平，页面加载速度快。

常用移动设备尺寸参考：

（1）苹果 iOS 版本的 iPhone App UI 设计尺寸规范。

iPhone 11 pro 设计尺寸：1 080 像素 ×1 920 像素；

设计软件的分辨率：72 像素 / 英寸。

（2）iPhone 6 及 iPhone 11 pro 设计尺寸见表 6-1。

表 6-1　iPhone 6 及 iPhone 11 pro 设计尺寸对比

分项		iPhone 6	iPhone 11 pro
分辨率 /px	肖像	750×1 334	1 080×1 920
	风景	1 334×750	1 920×1 080
UI 元素高度 /px	导航条	88	132
	TAB 工具条	96	146
文字尺寸 /px	导航栏标题	34	60
	常规按钮	34	48
	表单头部	34	48
	TAB 标签	28	44
	TAB 工具条标签	22	30
App/px		120×120	180×180
App Store/px		1 024×1 024	1 024×1 024
聚光灯 /px		80×80	120×120
设置 /px		58×58	87×87
启动文件或图片 /px		750×1 134	1 242×2 208
工具栏和导航栏 /px		44×44	66×66
App Store 封面 /px		长边至少是 1 024	长边至少是 1 024
Web ICO 截图 /px		120×120	180×180

6.1.3　UI 设计原则

1.　功能按钮设置习惯的一致性

功能按钮包括"确认""取消""提交""进入"等，Android 与 iOS 在操作方式、使用习惯方面都有自己的特性，功能按钮的设计应该遵循系统的操作规则。比如，iOS 的确认视窗中"取消"按钮摆放在左侧，"提交"按钮在右侧，所以，App 的开发者应该遵循这一原则，使用户快速掌握软件的使用要领。

2.　设计内容的可理解性

UI 图标、UI 界面的设计应当直观、简洁，操作方便快捷，用户接触软件后对界面上对应的功能一目了然，不需要太多培训就可以方便地使用该应用系统。

3.　视觉清晰性

UI 设计元素虽然小，但是必须保证文字、轮廓等清晰可辨，不影响识别，保证内容准确、易于识别。

4.　色彩统一性

色彩是 UI 的重要元素之一，各种颜色蕴含着不同的情绪，在设计过程中色彩的选择应当以表现主题为切入点，整体风格保持一致。主体色彩和配色一旦选定，整个软件及网站都应该统一使用这套配色。

生活中有些用户存在色彩识别障碍，因而在设计中还要注意色彩的纯度、对比度及对图形变化方面的处理，尽量保证这部分人群能够区分界面中的元素。

5. 简单实用性

初学者为使自己的 UI 设计美观，乐于设计花样繁多的形式，这其实违背了 UI 设计应简单实用的原则。用简洁的手法表达目的，引导使用者体验的设计就是最好的设计。

6.2　ICON 图标制作

6.2.1　扁平化日历 App 图标制作

微课：**UI** 日历制作

扁平化设计是一种极简主义的艺术设计风格，通过简单的字体、图形和颜色的组合，达到直观、简洁的设计目的。扁平化设计风格近几年非常流行，在手持电子设备、书籍设计、广告设计中最为常见。

1. 设置颜色

扁平化设计除了简洁的造型外，其颜色使用也趋于简洁化，通常遵循对比色、类似色、互补色的选择理念，且多选用单纯的色彩，常利用白色、黑色的描边修饰调节画面的造型与色彩，创造干净、利落、素雅的视觉效果。

本例中图标以绿色（R：38；G：176；B：151）、蓝色（R：62；G：97；B：133）为主体色彩，背景则采用水红色（R：255；G：120；B：120），并以白色的宽描边间隔背景色与主体色，使造型轮廓更加清晰、色彩更为协调，如图 6-1 所示。

2. 新建画布

新建画布，设置画布尺寸为 400 像素 ×300 像素，分辨率为 72 像素 / 英寸，用选定的图标背景色（水红色）填充背景，如图 6-2 所示。

图 6-1　设置颜色　　　　　　　　　　　图 6-2　新建画布

3. 绘制图标

选择"圆角矩形工具" ▣，在"辅助工具栏"中设置类型为"形状"，调整圆角半径为 15 像素，设置前景色为绿色（R：38；G：176；B：151），按 Shift 键并拖动鼠标绘制一个圆角正方形，如图 6-3（a）所示效果，此时图层面板中新增一个"圆角矩形 1"图层。

圆角矩形的绿色与背景红色是对比

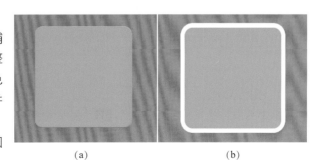

（a）　　　　　　　　　　（b）

图 6-3　绘制圆角矩形

（a）圆角正方形；（b）描边效果

色，并置在一起时会给人以炫目的感觉，因而采用白色描边作为间色以增强画面的对比度和协调感。

将下来"圆角矩形 1"作为当前图层，单击图层面板下方的"添加图层样式"按钮 **fx.**，添加"描边"图层样式，参数设置如图 6-4 所示，获得图 6-3（b）所示的描边效果。

4. 空间表现设计

继续为"圆角矩形 1"添加"内阴影"图层样式，参数设置参考图 6-5，不透明度要低于 50%，以获得柔和的效果，不使用全局光，投射角度为 90°，这个角度最适合电子产品的图标设计，让人感觉比较舒适。

接下来制作形状外的长阴影。选择"圆角矩形 1"图层，拖动到图层面板下方的"创建新图层"按钮上，生成"圆角矩形 1 拷贝 1"图层。选择处于底层的"圆角矩形 1"图层并双击，设置描边颜色和填充颜色为纯黑色，然后单击鼠标右键，在弹出的快捷菜单中执行"栅格化图层样式"命令，即获得图 6-6 所示效果的黑色圆角矩形。

图 6-4　"描边"参数设置

图 6-5　"内阴影"参数及效果

将该图层的填充参数设置为 5%，图层上的圆角矩形呈现近透明的效果，如图 6-7 所示。

将透明圆角矩形层作为当前图层，选择"移动工具" **▶₊**，同时按 Alt+↓ 组合键，复制图层并向下移动 1 个像素，用同样的方法复制 20 个图层，获得图 6-8 所示的效果。

保持圆角矩形 1 所有的复制图层可见，关闭除此之外的所有图层，按 Shift+Ctrl+Alt+E 组合键将可见图层压印生成新的图层，在新图层上执行"滤镜"→"模糊"→"动感模糊"命令，设置角度为 90°，距离为 20 像素。

调整新图层的填充为 30%，关闭所有的压印原始层，并使背景层、绿色圆角矩形层可见，效果如图 6-9 所示，长阴影效果制作完成。

图 6-6　栅格化图层样式后的状态　　图 6-7　设置图层填充为 5%　　图 6-8　复制并位移多个图层　　图 6-9　长阴影效果

5. 细节补充

新建图层，选择"文字工具" **T**，输入数字"30"，设置字号为 90，字体为 Times New Roman bold，颜色为白色。

新建图层文字层并输入英文"Jun"，设置字号为 24，字体为 Times New Roman bold，颜色为白色。

　　按 Ctrl 键，同时选择绿色圆角矩形层和数字层，单击辅助工具栏中的"水平居中"按钮▣和"垂直居中"按钮▣，中心对齐两个图层。将文字"Jun"放置在数字的左上角，效果如图 6-10 所示。

6. 添加翻板光影效果

　　日历翻板从圆角矩形的水平中线分成上、下两部分，上半部分有渐变过渡的光影效果。

　　选择"圆角矩形"工具，在辅助工具栏中设置类型为"形状"，圆角半径为 15 像素，颜色自定（本例中设为紫色）。紧贴绿色圆角矩形白色描边的内侧，绘制新的圆角矩形，并设置该圆角矩形的属性。单击下方圆角参数位置的╍按钮解锁（将角半径值链接到一起），分别设置左下角、右下角半径为 0，效果如图 6-11 所示。

　　将紫色圆角矩形图层的"填充"设置为 0%，并添加"渐变叠加"图层样式，设置渐变样式为"线性"，渐变色彩为"黑—白"，混合模式为"正片叠底"，角度为 90°，不透明度为 20%，其他参数保持默认，如图 6-12 所示。光影叠加效果制作完成，如图 6-13 所示。

图 6-10　文字位置

图 6-11　设置不同的角半径

图 6-12　"渐变叠加"参数设置

图 6-13　扁平化日历 ICON

6.2.2　金属质感齿轮图标制作

　　UI 设计中精致的金属质感的制作方法很多，本例采用渐变调整完成有彩色金属效果的齿轮图标的制作。

1. 绘制齿轮形状

　　新建 600×600（px）的文档，设置背景为白色。按 Ctrl+R 组合键调出标尺，拖出水平、垂直两条辅助线交于画布中心。

　　以辅助线交点为圆心绘制正圆形，然后绘制一个矩形，配合 Ctrl+T 组合键调整形状为倒梯形，并将梯形放置在圆形上。调整梯形的中心点至辅助线交点上（圆心），如图 6-14 和图 6-15 所示。

设置旋转梯形的角度为 30°，然后按 Shift+Ctrl+Alt+T 组合键（旋转并复制）11 次，使梯形以 30° 均匀分布在圆形上，如图 6-16 所示。

合并所有的梯形图层，按 Ctrl 键拾取梯形图层选区，按 Ctrl+Shift+I 组合键反选，隐藏梯形图层。

将圆形图层作为当前工作层，单击图层面板下方的 ⬛ 按钮将选区作为蒙版，可见圆形边缘呈齿轮形，如图 6-17 所示。

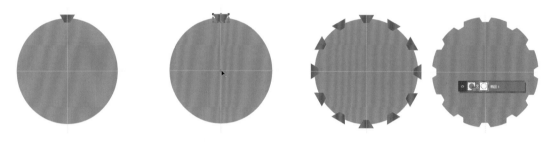

图 6-14　绘制圆形、梯形　图 6-15　调整梯形中心点的位置　图 6-16　复制梯形　　　图 6-17　齿轮造型

选取齿轮形状，重新修改填充色彩，设置色调、饱和度和亮度值分别为 0、0、60，并添加"渐变叠加"图层样式，详细参数设置参照图 6-18。

注意：渐变颜色编辑应保证色彩的首、尾一致，这样才会生成无缝的锥形渐变效果，如图 6-19 和图 6-20 所示。

图 6-18　"渐变叠加"参数设置　　　　图 6-19　渐变叠加后的效果　图 6-20　齿轮盘凹陷效果

2. 齿轮盘凹陷制作

绘制正圆形，并填充灰色，将其与齿轮造型中心对齐，设置图层混合模式为"叠加"。添加"内阴影""内发光"图层样式，详细参数设置如图 6-21 所示。

将内发光的颜色设为白色，且不透明，如图 6-22 所示；大小值决定凹陷边的厚度，所以要根据需要合理设置参数。

3. 中心轴上的高亮金属圆盘制作

绘制圆形，并与齿轮盘中心对齐，添加"描边""渐变叠加""投影"三种图层样式，具体参数设置参照图 6-23。将该图层的混合模式设置为"颜色加深"，齿轮中心出现一个高亮的金属圆盘，如图 6-24 所示。

4. 金属圆盘细节刻画

拾取金属圆盘，使其处于被选中状态，打开"圆盘形状属性"面板，单击"蒙版"按钮，将辅助工具栏中的"减去顶层形状"复选框选中，在圆盘上绘制一个小的正圆，此时鼠标光标右下角会

出现一个 "_" 号，圆盘被剪除一个小圆洞，效果如图 6-25 所示。

　　接着绘制一个圆盘的同心圆和缺口处的小圆点，并做凹陷处理，如图 6-26 所示。具体操作方法在前面的制作步骤中都有涉及，此处不再赘述。

图 6-21　"内阴影""内发光"参数设置

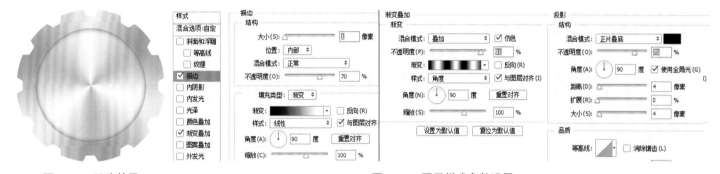

图 6-22　凹陷效果　　　　　　　　　　　　　　　　　图 6-23　图层样式参数设置

图 6-24　高亮金属圆盘

图 6-25　剪除图形操作

图 6-26　圆盘细节刻画

将齿轮的所有图形做压印处理，然后隐藏原始的齿轮层。为压印图层添加"渐变叠加"图层样式，参数设置参考图 6-27。一个有色的金属齿轮制作完成，效果如图 6-28 所示。

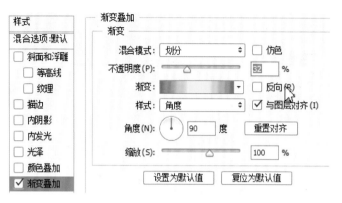

图 6-27 "渐变叠加"参数设置　　　　图 6-28 有色金属齿轮完成效果

6.3 音乐播放器制作

1. 绘制播放器容器

新建文档，在文档中利用"圆角矩形工具"绘制一个长宽比为 16∶9 的圆角矩形，设置图层填充为 0，添加"渐变叠加"图层样式，设置渐变颜色为从 #f9f9fA（顶部）到 #efefef（底部），角度为 90°，混合模式为变亮。继续添加"内阴影"图层样式，添加 2 像素距离的白色阴影，角度为 90°，效果如图 6-29 所示。

为音乐播放器容器继续添加"描边""投影"图层样式，参数设置参考图 6-30。添加投影及描边后的效果如图 6-31 所示。

图 6-29 音乐播放器容器

2. 划分按钮栏

按 Ctrl+J 组合键复制容器图层，选择"矩形工具" ▭，按 Shift+Alt 组合键在容器下方绘制矩形，如图 6-32 所示。

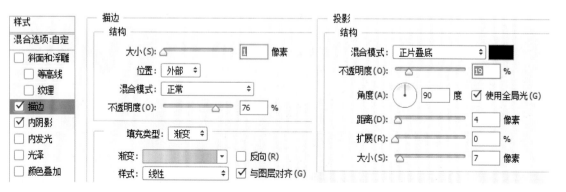

图 6-30 "描边""投影"参数设置

图 6-31 添加投影及描边后的效果

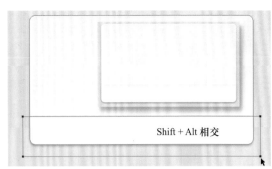

图 6-32 绘制按钮栏

选择"铅笔工具"，设置宽度为 1 像素，按 Alt 键在按钮栏区域绘制垂直线段，将按钮栏分为三部分，如图 6-33 所示。

3. 绘制"播放""快进""后退"按钮

选择"多边形工具"，设置边数为 3，按 Shift 键绘制一个正三角形，调整角度使其类似播放按钮。为三角形添加"内阴影"图层样式，设置内阴影角度为 120°，距离为 3，效果如图 6-34 所示。

用以上方法绘制"快进""后退"按钮，并选择"播放"按钮图层，复制该图层的图层样式，粘贴到"快进""后退"按钮图层上，获得图 6-35 所示效果。

4. 制作播放进度条

使用"圆角矩形工具"绘制圆角半径为 15 像素的圆角矩形，颜色要设置得比背景稍微深一些，添加角度为 90° 的内阴影和 1 个像素的白色描边，效果如图 6-36 所示。

图 6-33 按钮栏分栏

图 6-34 "播放"按钮参数设置

图 6-35 添加"快进""后退"按钮

图 6-36 添加进度条

在上一步绘制的圆角矩形中继续绘制一个颜色为 70% 白的圆角矩形，添加白色内阴影，混合模式为正常，角度为 90°，距离为 7，大小为 4，其他参数设置同上一个圆角矩形，效果如图 6-37 所示。

图 6-37　进度条参数设置及效果

在第二次绘制的圆角矩形右边绘制圆形，作为进度滑块，添加描边和内阴影（具体参数设置方法前面已讲述，此处不再赘述），音乐播放器制作完成，效果如图 6-38 所示。

图 6-38　音乐播放器的最终效果

 本章小结 ···◉

　　本章重点讲解了 UI 设计的常用方法，并对 UI 设计的相关理论知识进行了介绍，通过对本章的学习，学生能使用 Photoshop 进行各种 UI 设计。

 课后习题 ···◉

一、选择题

1.在默认情况下，用户在使用形状工具绘制图形时，形状图层的内容均以（　　　）填充。

　　A. 当前背景色　　　　　B. 当前前景色　　　　　C. 透明区域　　　　　D. 自定义图案

2.形状工具中获取相交形状的快捷键是（　　　）。

　　A. Shift+Alt　　　　　B. Ctrl+Alt　　　　　C. Alt　　　　　D. Shift+ Ctrl+Alt

二、简答题

1.形状图层栅格化后还具有矢量属性吗？

2.图层样式通过什么样的方式可以转换成普通图层？

 **拓展模块——拆盲盒** ·······································◉

拓展案例

第7章 综合设计实战

学习目标

1. 能够利用图像合成技术、特效技术、色彩调节等完成平面设计任务。
2. 能结合设计构思和图形图像处理手段，完成室内外装饰设计、数码影像处理等任务。

知识点

图层蒙版、通道、图层样式等技术的综合应用。

7.1 冰激凌宣传招贴

平面设计是 Photoshop 应用最为广泛的领域，无论是人们正在阅读的图书封面，还是大街上看到的招贴、海报、宣传单，这些具有丰富图像的平面印刷品，绝大多数需要运用平面构成知识与设计软件相结合进行图像处理。

7.1.1 搭建基本框架

1. 创建印刷品质图档

宣传单是印刷品，所以分辨率设置为 300 px，印刷输出的纸品为 A2 横幅，宽：42 cm，高：59 cm，如图 7-1 所示。颜色模式：CMYK，背景：C：90，M：80，Y：70，K：45。命名该图档为柠莓冰激凌 .psd。

2. 置入冰激凌素材

执行"文件"→"置入嵌入对象"，选择素材文件夹中的"红莓冰激凌 .jpg"文件，将冰激凌图像置入图档，如图 7-2 所示。在未释放图档的状况下放大并位移冰激凌图像，尺寸和位置参考图 7-3 所示。

图 7-1　新建文件　　　　　　图 7-2　置入图像　　　图 7-3　放大尺寸、位移

3. 复制冰激凌层

按 Ctrl+J 组合键复制图层，将新复制的冰激凌层的图层合成模式设置：强光，不透明度：40%。这个操作的目的是将玻璃杯质感提亮，如图 7-4 所示。

在复制的红莓层添加图层蒙版，设置笔触颜色为黑色，在蒙版内涂抹冰激凌曝光部分，如图 7-5 所示。

图 7-4　复制图层，设置强光与透明　　　　　　图 7-5　用蒙版调节曝光

拾取图层 1（红莓冰激凌原图），单击图层面板底部的"添加图层样式"按钮 fx，在弹出的菜单中选择"外发光"效果，设置色彩为淡蓝色，混合模式：叠加，不透明度：60%，杂色 14%，如图 7-6 所示。发光效果如图 7-7 所示。

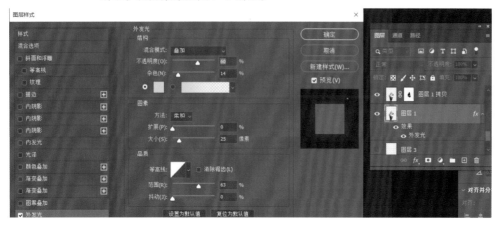

图 7-6　外发光参数设置　　　　　　　　　　图 7-7　发光效果

4. 添加冬雪背景

执行"文件"→"置入嵌入对象"命令,选择"冬雪.jpg"文件置入,如图 7-8 所示。

在图层面板拖曳冬雪图层至冰激凌层下方,如图 7-9 所示。

图 7-8　置入冬雪图像　　　　　　图 7-9　下移冬雪层作为冰激凌背景

放大冬雪图像的尺寸,使冬雪图档右侧呈现一个较为明显的斜坡,将以此为框架继续布置招贴的其他元素,丰富画面。

7.1.2　添加墨迹背景

打开素材文件夹中的墨迹.jpg 文件,该图色彩模式是灰度模式,因此,通道面板只有一个"灰色"通道,按 Ctrl+L 组合键调出"色阶"调整面板,分别输入色阶黑:90,白:200,使黑白对比达到最强,效果如图 7-10 所示。

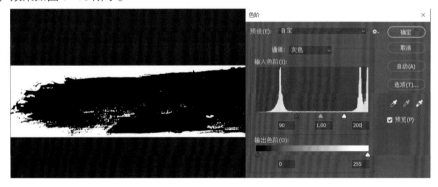

图 7-10　色阶调整

在按 Ctrl 键的同时,鼠标光标在通道缩略图上拾取墨迹选区,返回通道顶层,返回图层面板,按 Ctrl+Shift+I 组合键反选,再按 Ctrl+C 组合键复制墨迹,如图 7-11 所示。

切换图档到冰激凌图,按 Ctrl+V 组合键将剪贴板中的墨迹粘贴到深灰色背景层上,重命名该图层为"墨迹"。

保持图层选择状态,按 Ctrl+L 组合键调出

图 7-11　反向选区

"色阶"调整面板,设置输出色阶白:2,可见黑色墨迹变成白色墨迹,如图 7-12 所示。

按 Ctrl+T 组合键调整对象比例与角度,将光标置于控制框角点外侧会变成旋转图标,调整墨迹的宽头在上方,调整比例到合适大小即可,如图 7-13 所示。

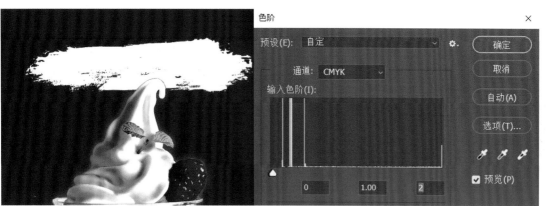

图 7-12 色阶调色使墨迹转为白色   图 7-13 调整墨迹尺寸与角度

7.1.3 添加标题文字

1. 键入标题文字

用吸管工具在背景层深灰色上吸取颜色为前景色，选择"直排文字工具" **IT** 在墨迹上方键入文字"冰激凌"，字体：书体坊米芾体，颜色：白，文字大小：90 点，字间距：200，如图 7-14 所示。

选择"直排文字工具" **IT**，在画布右上方输入文字"红莓冰雪的碰撞"，注意在文字红莓与冰雪之间加入三个空格（将为符号＆留出空间），设置字体：方正大标宋_GBK，字号：132 点，文字颜色：白色；选择下面的"的碰撞"三个字，调整字体：方正兰亭刊黑_GBK，字号：80 点，如图 7-15 所示。

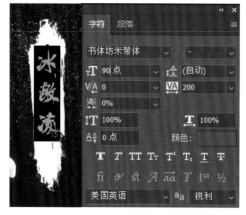
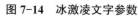

图 7-14 冰激凌文字参数   图 7-15 标题文字键入

2. 添加外发光效果

（1）单击图层面板 **fx**（添加图层样式）按钮，选择"外发光"效果，设置参数如图 7-16 所示。

（2）单击"横排文字工具" **T** 键入符号"＆"，设置字体：方正大标宋_GBK，字号：120，颜色：白色，位置摆放如图 7-17 所示。

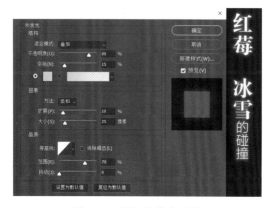

图 7-16 添加外发光效果   图 7-17 ＆键入效果及位置

（3）将工作层放置于"红莓"文字层上，单击鼠标右键，弹出快捷菜单，执行"拷贝图层样式"命令。在"&"文字层单击鼠标右键，弹出快捷菜单，选择"粘贴图层样式"。文字"&"被赋予了相同的外发光效果。

图 7-18　拷贝红莓文字层发光效果

3. 置入人物、飞鸟、柠檬伞素材

（1）置入滑雪 .jpg 文件，依据雪坡调整人物角度并调整比例，使其适合场景尺寸，如图 7-19 所示。

（2）按 Ctrl+J 组合键复制滑雪图层，将滑雪层作为工作层。按 Ctrl+L 组合键调出"色阶"调整面板，设置输入色阶，黑色：253；输出色阶，白色：66，滑雪人物呈现剪影效果，如图 7-20 所示。

图 7-19　置入滑雪人物

图 7-20　调整色阶输入、输出参数

（3）按 Ctrl+T 组合键调整比例，按 Ctrl 键控制节点位置调整剪影形状及角度，如图 7-21 所示，将用此剪影作为滑雪人物的投影，适当调整阴影透明度即可。

分别置入柠檬伞、飞鸟为智能对象，分别调整比例以适合画面，效果如图 7-22 所示。

图 7-21　阴影调整

图 7-22　置入其他素材

7.1.4 添加 logo

1. 置入 logo 素材

在画布的左下角置入"莓.jpg"文件，缩小比例使其显
得更为精致，输入文字"柠莓冰激凌"，设置字体：方正
大标宋_GBK，字号：44点，颜色使用背景色彩，效果如
图 7-23 所示。

2. 渲染气氛

图 7-23 logo 位置

置入"喷溅素材"于最顶层，用前面多次使用的"色阶调整"方法将红色喷溅颗粒调整为白色
颗粒（图 7-24），使其具有雪花飞舞的视觉效果，如图 7-25 所示，柠莓冰激凌招贴设计制作完毕。

图 7-24 微尘颗粒素材

图 7-25 柠莓冰激凌招贴成品

7.2 室内设计后期效果处理

7.2.1 午后阳光效果处理

1. 打开图片

执行"文件"→"打开"命令，打开一张客厅图片，如图 7-26 所示。按 Ctrl+J 组合键复制，
提亮图片整体效果，调整图层混合模式为"滤色"，设置不透明度为 40%，按 Shift+Ctrl+Alt+E 组
合键压印图层，如图 7-27 所示。

图 7-26 打开客厅图片

图 7-27 提亮图片

添加调节图层，调节图片的"色相 / 饱和度"，参数如图 7-28 所示。

图 7-28　调节"色相 / 饱和度"参数

2. 制作光束效果

单击"多边形套索工具"按钮 ，羽化为 5 像素绘制光束，如图 7-29 所示。设置前景色为白色，创建新图层，填充前景色，设置图层混合模式为"柔光"，设置不透明度为 30%，然后多次复制光束图层，制作出光从窗户射进客厅的效果，效果如图 7-30 和图 7-31 所示。

3. 制作午后阳光效果

添加"照片滤镜"调节层，为图片添加"加温滤镜"，效果如图 7-32 所示。

图 7-29　绘制光束选区

图 7-30　填充白色

图 7-31　多次复制后的效果

图 7-32　为图片添加"加温滤镜"

按 Shift+Ctrl+Alt+E 组合键压印图层，执行"图像"→"调整"→"变化"命令，根据需要调整滤镜的色彩效果，如图 7-33 所示。为图层添加蒙版，在蒙版中添加黑色到透明的渐变，完成效果如图 7-34 所示。

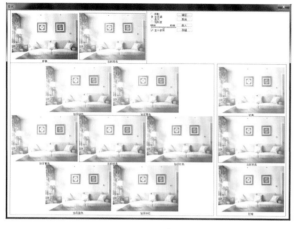

图 7-33　调整滤镜效果

图 7-34　完成效果

7.2.2　地中海风格效果处理

1. 打开图片

执行"文件"→"打开"命令，打开一幅卧室图片，如图 7-35 所示。按 Ctrl+J 组合键复制，提亮图片整体效果，设置图层混合模式为"滤色"，设置不透明度为 40%，如图 7-36 所示。

图 7-35　打开卧室图片

图 7-36　提亮图片

按 Shift+Ctrl+Alt+E 组合键压印图层。地中海风格一般应体现蓝白色调，因此，调整壁纸和床的颜色为蓝色。执行"图像"→"调整"→"色彩平衡"命令，在"色彩平衡"对话框中调整相应参数，如图 7-37 所示，完成效果如图 7-38 所示。

如有必要，可通过其他方式调整图片颜色，如通过"色相 / 饱和度"或"色阶"命令来调整，方法分别是执行"图像"→"调整"→"色相 / 饱和度"命

图 7-37　"色彩平衡"对话框

令或执行"图像"→"调整"→"色阶"命令调整相应参数，如图 7-39 和图 7-40 所示。

图 7-38　图片调色后的效果　　　　图 7-39　用"色相 / 饱和度"命令　　　图 7-40　用"色阶"命令调整
　　　　　　　　　　　　　　　　　　　　调整图片颜色　　　　　　　　　　　图片颜色

2. 细节处理

调整后图片整体变为蓝色，但有些地方需要保持原图效果，因此，单击 按钮添加图层蒙版，为图片处理色彩调整不合适的地方。选择"画笔工具"，设置前景色为黑色，调整画笔大小在蒙版中涂抹，完成效果如图 7-41 所示。

调整顶棚墙角的颜色，使用"多边形套索工具"绘制选区，执行"图像"→"调整"→"色彩平衡"命令，参数设置参考图 7-42，或者执行"图像"→"调整"→"色相 / 饱和度"命令，参数设置参考图 7-43，最后执行"图像"→"调整"→"变化"命令，根据需要进行"加深蓝""较暗"等效果调整，如图 7-44 所示，完成调色后效果如图 7-45 所示。

添加镜子里顶棚反光的效果，选择"多边形套索工具" 绘制选区，填充颜色为 #0026c4，设置图层混合模式为"点光"，不透明度为 62%，完成效果如图 7-46 所示。

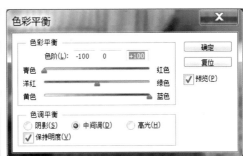

图 7-41　添加蒙版处理后的效果　　　　图 7-42　用"色彩平衡"命令调整　　　图 7-43　用"色相 / 饱和度"命令
　　　　　　　　　　　　　　　　　　　　　　图片颜色　　　　　　　　　　　　调整图片颜色

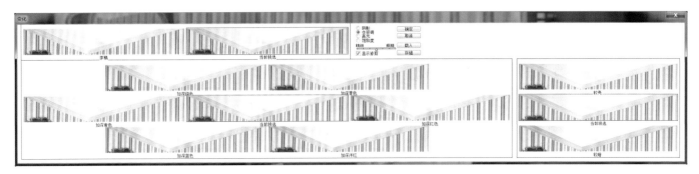

图 7-44　进一步调整颜色

图 7-45　完成调色后的效果

图 7-46　调整镜子里的顶棚反光效果

3. 更换家具

执行"文件"→"打开"命令，置入具有地中海风格的斗柜图片，并调整斗柜图片到合适的位置，效果如图 7-47 所示。添加图层蒙版，使用黑色画笔对不协调的部位进行遮盖等处理，完成效果如图 7-48 所示。

图 7-47　更换家具

图 7-48　调整不协调的部位

用同样的方法更换床头柜，可根据需要调整相应形态使之与卧室协调，如图 7-49 和图 7-50 所示。

图 7-49　更换床头柜

图 7-50　处理后的效果

　　本例中更换的两样家具存在一定的色差，因此，要执行"图像"→"调整"→"变化"命令进行"加深黄色""较亮"等效果调整，如图 7-51 所示。降低床头柜侧面明度，绘制选区，执行"图像"→"调整"→"曲线"命令，调整相应参数，最终效果如图 7-52 所示。

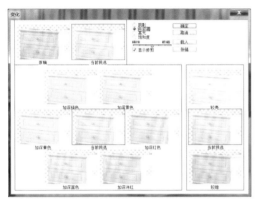

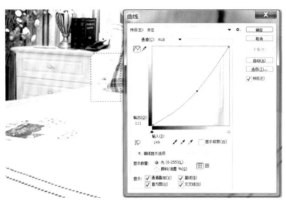

图 7-51　调节色差　　　　　　　　　　　图 7-52　降低床头柜侧面明度

　　添加另一侧床头柜，若床头柜高度不够，可进行加高，如本例中选择"多边形套索工具"绘制选区，执行"编辑"→"拷贝"命令后再执行"编辑"→"粘贴"命令，将复制的图形接在第二个抽屉处，添加蒙版处理不协调部位，并运用"图章工具""加深工具"等处理床头柜与地板衔接处，如图 7-53 和图 7-54 所示。

　　更换抽屉拉手颜色，使之与斗柜拉手相同。选择"矩形选框工具"框选出斗柜黑色拉手，执行"编辑"→"拷贝"命令，在与床头柜拉手重叠位置执行"编辑"→"粘贴"命令，并为黑色拉手图层添加蒙版，使用黑色画笔处理不协调部位（注意保留投影），如图 7-55 和图 7-56 所示。地中海风格卧室制作完成，效果如图 7-57 所示。

图 7-53　绘制选区　　　　　　图 7-54　复制抽屉

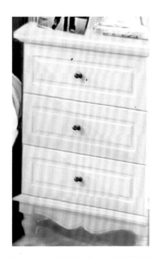

图 7-55　更换拉手　　　图 7-56　更换拉手后的效果　　　图 7-57　地中海风格卧室制作完成的效果

7.3 图片合成技术运用

7.3.1 "疯狂的甜橙"制作

1. 打开图片

执行"文件"→"打开"命令，打开一张橙子图片，按 Ctrl+J 组合键复制，如图 7-58 所示。

2. 添加眼睛

打开一张卡通老鼠图片，单击 ◯ 按钮，绘制眼睛部分选区，使用"移动工具" ▶✛ 拖曳眼睛到橙子上，效果如图 7-59 所示。

图 7-58　打开并复制橙子　　　　　　图 7-59　为橙子添加眼睛

调整眼睛的位置，按 Ctrl+T 组合键调整眼睛的形状，设置图层混合模式为"强光"。创建图层蒙版，设置前景色为黑色，使用画笔抹去眼睛的多余部分，复制眼睛图层，图层混合模式仍然设置为"强光"，不透明度为 50%，完成效果如图 7-60 所示。

合并眼睛的两个图层，按 Ctrl+T 组合键细微调整眼睛的形状，效果如图 7-61 所示。

图 7-60　调整眼睛　　　　　　图 7-61　合并图层并调整眼睛的形状

3. 添加鼻子

同法将卡通老鼠的鼻子拖曳到橙子上，按 Ctrl+T 组合键，更改图层混合模式为"强光"，效果如图 7-62 和图 7-63 所示。

图 7-62　添加鼻子

图 7-63　调整鼻子

4. 添加嘴巴

同法为橙子添加卡通老鼠的嘴巴，按 Ctrl+T 组合键并单击 按钮，调整嘴巴造型，效果如图 7-64 所示。添加图层蒙版，处理嘴巴与橙子的边缘衔接部位，设置图层混合模式为"强光"，效果如图 7-65 所示。

复制嘴巴图层，设置图层混合模式为"滤色"，提高嘴巴的亮度，将嘴巴的两个图层进行合并，同时，运用黑色画笔为嘴巴增加立体效果，如图 7-66 所示。

图 7-64　添加嘴巴并调整　　　　图 7-65　调整嘴巴的图层样式　　　　图 7-66　增加嘴巴的立体效果

5. 细节处理

选择橙子图层，单击"图章工具"按钮 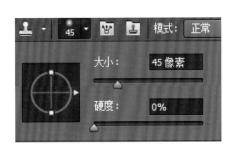，参数设置如图 7-67 所示，消除橙子的眼睛、鼻子等部位的水滴，最后完成效果如图 7-68 所示。

图 7-67　"图章工具"属性设置　　　　　　图 7-68　完成效果

7.3.2　水淹城市效果制作

1. 打开图片、调整背景

执行"文件"→"打开"命令，打开一张城市图片，如图 7-69 所示。用同样的方法打开一张天空图片，如图 7-70 所示。选择天空文件，按 Ctrl+A 组合键，然后按 Ctrl+C 组合键复制，选择城市文件，按 Ctrl+V 组合键粘贴天空图片，调整位置，效果如图 7-71 所示。

图 7-69　城市图片　　　　　图 7-70　天空图片　　　　　图 7-71　添加阴霾的天空图层

按 Ctrl+J 组合键复制城市背景图层，选择"钢笔工具" 创建天空部分的路径，把图片中的天空框选出并转换为选区，如图 7-72 所示。执行"选择"→"修改"→"羽化"命令，设置羽化半径为 2 像素，如图 7-73 所示。按 Delete 键删除选区内的天空，露出下一层阴霾的天空图片，如图 7-74 所示。

图 7-72　画出天空选区　　　图 7-73　"羽化选区"参数设置　　图 7-74　删除原图天空后的效果

2. 调整图片色调

更换城市天空后，由于城市中部分建筑亮度过高，如图片中左起第二栋大厦，因此要降低其亮度，效果如图 7-75 所示。将图片整体亮度降低，创建新的调节图层，给图片添加"亮度 / 对比度"调节图层，调整后压印图层，效果如图 7-76 和图 7-77 所示。

图 7-75　降低第二栋大厦的亮度　　图 7-76　"亮度 /
对比度"参数设置　　图 7-77　降低亮度后的效果

3. 添加洪水效果

打开洪水素材"图片 1"，选择"套索工具"　，绘制想要合成到城市中的洪水图片区域，如图 7-78 所示。单击工具面板中的"调整边缘"按钮 调整边缘…… 或在绘制完选区后执行"选择"→"调整边缘"命令（快捷键 Alt+Ctrl+R），在弹出的"调整边缘"对话框内进行边缘调整，如图 7-79 所示。

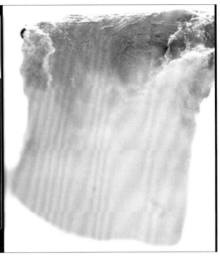

图 7-78　使用"套索工具"画出选区　　　　　　　图 7-79　边缘调整

将处理好边缘的洪水素材拖曳到城市文件上（或使用 Ctrl+C 和 Ctrl+V 组合键），按 Ctrl+T 组合键调整洪水素材图形，放置在中间两栋大厦之间。为洪水素材图层添加蒙版，在图层蒙版中使用黑色画笔擦除多余的洪水素材，效果如图 7-80 和图 7-81 所示。

打开洪水素材"图片 2"，以同样的方法，选取部分洪水图形后放置在城市建筑之间的合适位置，并与之前添加的洪水高度一致。为图层添加蒙版，将位于建筑物后方的水流遮盖，效果如图 7-82～图 7-85 所示。

图 7-80　调整洪水素材图形　　　　图 7-81　添加图层蒙版　　　　图 7-82　使用"套索工具"绘制选区

图 7-83　调整选区边缘　　　　图 7-84　调整选取的洪水图形　　　　图 7-85　合成效果

打开洪水素材"图片 3"，处置方法同前。

为了使添加的水流更自然和谐，针对边缘部分在蒙版上使用黑色柔角画笔，以 20% 的不透明度进行细微处理。对更细微处可以使用更小的画笔修饰，如图 7-86 和图 7-87 所示。

图 7-86　调整素材"图片 3"洪水图形

图 7-87　调整后的效果

图 7-88　为洪水添加阴影

4. 给水流添加阴影

为了使水流更加真实，为其添加阴影。在城市图层上新建一个图层，设置为"正片叠底"模式，然后使用灰色柔角画笔，设置不透明度在 25% 左右，在水流下方的建筑物上涂抹，营造阴影效果，如图 7-88 所示。

5. 为城市主要街道及凹处添加洪水

用上面的方法继续添加洪水素材"图片 4"，放置到右侧两栋建筑中间位置，效果如图 7-89 和图 7-90 所示。

在城市图层上选取部分窗户，填充黑色（最好填充在一个新建的图层上，以利于后面的修改）。选择洪水素材"图片 2"的图层蒙版，使用白色画笔在蒙版上处理，制作洪水冲破玻璃喷涌而出的效果（可以使用不同透明度的画笔进行调整，注意水柱应呈弧线坠落），效果如图 7-91 所示。

打开街道水流素材，调整图形大小，放置到合适位置，添加蒙版，使用画笔修饰（注意与已有的

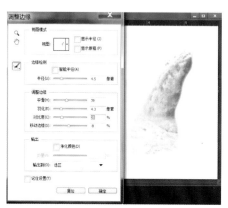

图 7-89　调整素材"图片 4"洪水的大小

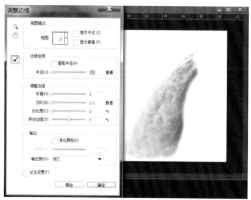

图 7-90　调整后的效果

图 7-91　洪水冲破玻璃喷涌而出

水流结合处效果应自然），效果如图 7-92 所示。执行"编辑"→"自由变换"命令，选择相应图层的洪水，在建筑物阻流处制作水花效果（部分水流需要稍暗，可执行"图像"→"调整"→"色阶"命令进行调整），如图 7-93 和图 7-94 所示。

打开涌入地铁的洪水素材，使用前述方法进行位置与形状调整，使用"加深工具"适当加深地铁深处和右侧的水面，完成效果如图 7-95 所示。

图 7-92　添加街道流水　　图 7-93　洪水冲击地铁口涌起水花（一）

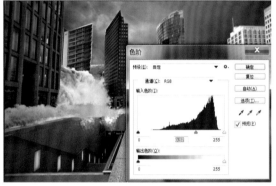

图 7-94　洪水冲击地铁口涌起水花（二）　　图 7-95　水流涌入地铁

本章小结

本章通过一些综合案例对 Photoshop 的具体功能进行了综合讲解。通过对本章的学习，学生可以更好地对 Photoshop 软件的相应功能进行运用，为以后的实践打下良好的基础。

课后习题

一、简答题

1. 列举 Photoshop 软件的设计应用领域（3 个以上）。

2. 简述图层蒙版在设计中的重要性。

二、实操题

1. 参照图 7-96 完成一幅计算机屏幕背景设计。

图 7-96　参考图片

2. 设计一幅大学生艺术节海报。要求：体现大学生积极向上、朝气蓬勃的风貌；突出艺术气息；色彩明快、有生命力；尺寸为 20 cm×28 cm。

拓展模块——拆盲盒

拓展案例

第 8 章 作品欣赏

8.1 优秀图形图像作品

8.2 优秀UI设计作品

附　录

附录A　常用文件转换工具

附录B　色彩搭配表

参考文献 REFERENCES ·· ◎

[1] 沈静. Photoshop CS5 图形图像处理 [M]. 北京：北京师范大学出版社，2014.

[2] 赵祖荫. Photoshop CS4 图形图像处理教程 [M]. 北京：清华大学出版社，2010.